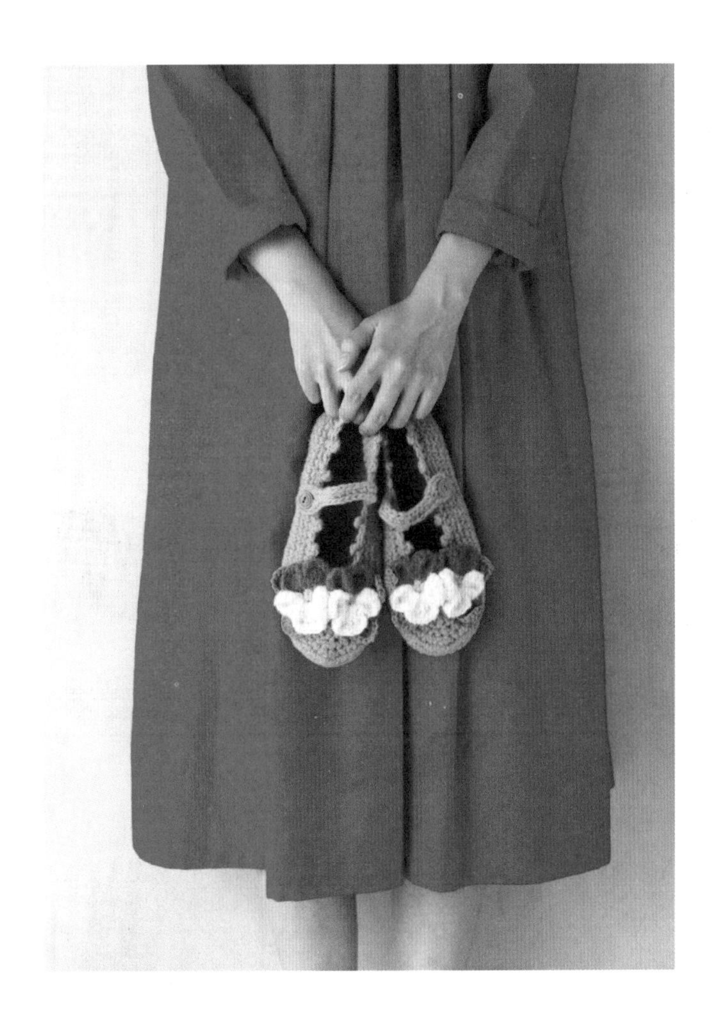

美美的钩针地板袜 婴儿鞋

cute room shoes

日本E&G创意/编著
李喆/译

中国纺织出版社

衣裙 ADIEU TRISTESSE LOISIR 代官山安德雷斯迪赛店

目录 Contents

工作人员Staff

书籍设计　境 树子 pondinc.
摄影　大岛明子（作品）　本间伸彦（过程·样线）
造型　川村茧美
作品设计　冈 麻里子　今村曜子　远藤广美　镰田惠美子
　河合真弓　藤田智子　沟端广美
钩编方法解说　翼　及川真理子
过程解说　翼
画图　北原祐子　小池百合穗　中村 亘
过程协助　河合真弓
钩编法校阅　外川加代
企划·编辑　E&G创意（薮 明子　坂柳 步）

基础课程

在毛毡鞋底和钩编专用鞋底上钩短针固定的方法

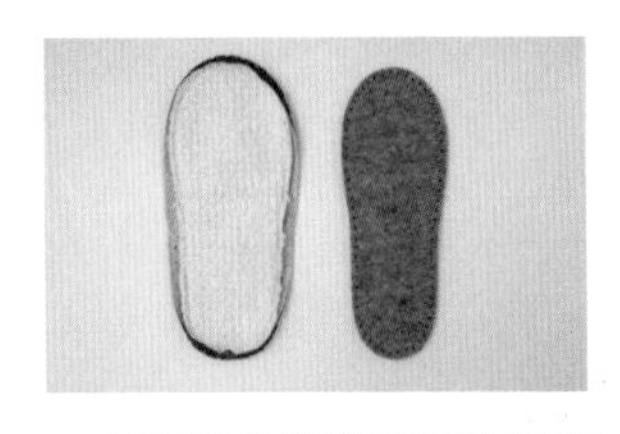

1 在毛毡鞋底或钩编专用鞋底的边孔处开始钩短针。本处仅以毛毡鞋底为例解说，钩编专用鞋底的处理技巧与此相同。

2 将钩针插入毛毡鞋底边缘的小孔，针尖挂线沿箭头方向拉出。

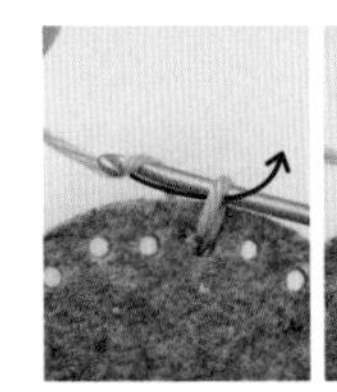

3 拉出线后。再用针挂线沿箭头方向引拔，钩起立针1针（见左图）。锁针1针已钩好（见右图）。继续在同一边孔处沿箭头方向穿针，钩编1针短针。

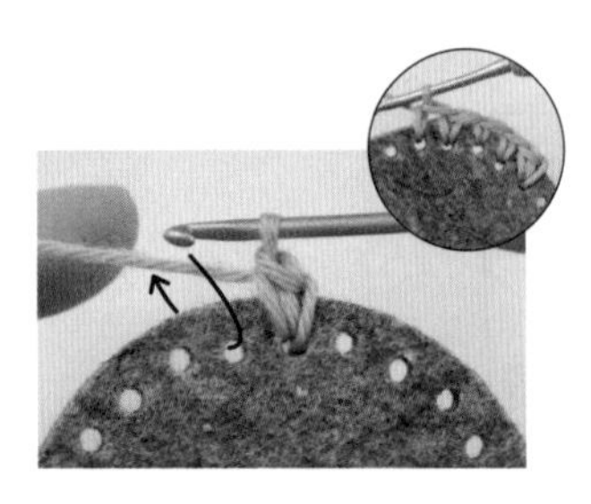

4 已钩好1针短针。使用同样技巧，如箭头所示，逐一处理边孔，所有边孔都用短针各钩1针，右上图为已钩编数针的样子。

重点课程 Point Lesson

8 图片 & 制作方法：p.21 & p.22,57

提花图案配色线的更换方法（渡线的处理方法）

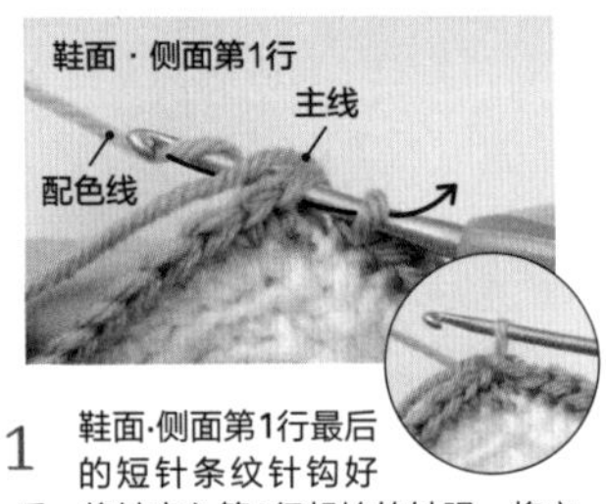

1 鞋面·侧面第1行最后的短针条纹针钩好后，将针穿入第1行起始的针眼，将主线（蓝）搭在针上，针尖钩住配色线（粉）引拔。挂线变为配色线，第1行钩完（右下图）。

2 用配色线钩1针立起的锁针和短针条纹针2针，其中第2针的短针条纹针必须是未完成的短针条纹针（参见p.61），将主线挂在针上如箭头所示引拔。

3 钩线已变更为主线。接下来，如箭头所示，使用主线钩编4针，将没有使用的线（渡线）缠绕包裹。

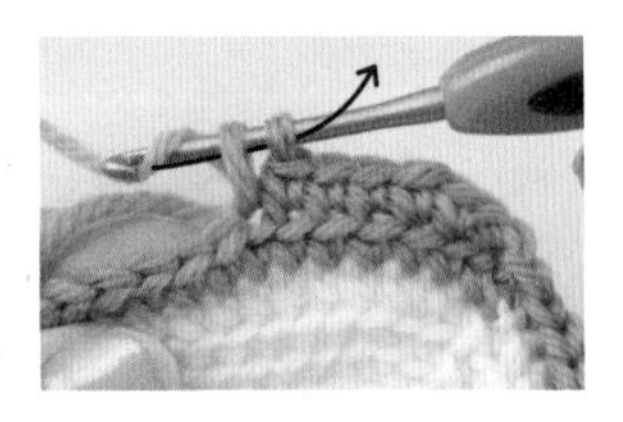

4 主线第5针的技巧与步骤2相同，钩编未完成的短针条纹针，用针挂住配色线沿箭头方向引拔。

5 主线5针钩编完毕，钩编线变更为配色线。

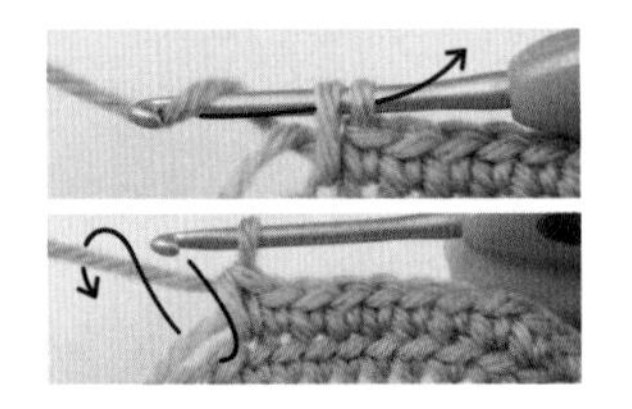

6 技巧同前，缠绕包裹没有使用的线（渡线）进行钩编，钩至换色前1针时，用针钩住接下来要使用的线将其引拔，一边换线一边继续走针钩编。

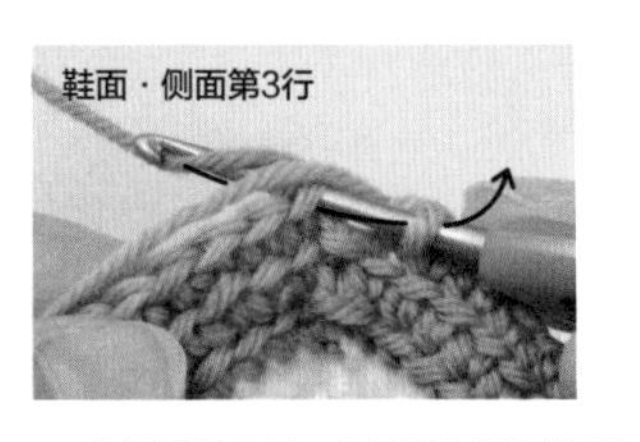

7 钩编至行末时，将针插入行的第1针短针条纹针内，把没有使用的线挂在针上，针尖钩住下一行第1针的线引拔。该图鞋面·侧面第3行钩编结束。

8 钩编线变更为下一行第1针的线，不使用的线拉到下一行。

9 图片 & 制作方法：p.24,25 & p.26

主题花样的接合方法

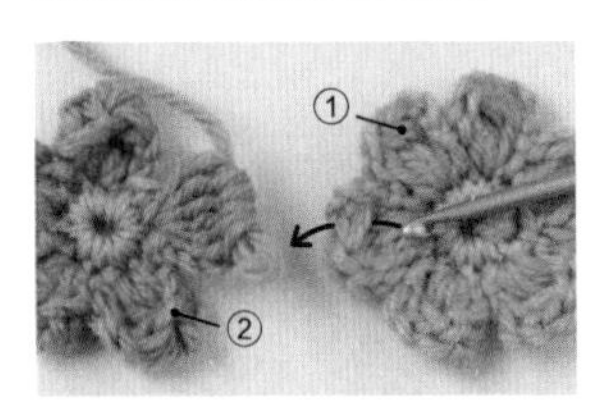

1 第2片主题花样钩编到接合位置之前，将针抽出，如箭头所示，将针重新插入将要接合的第1片长针5针的枣形针头部。

2 用针尖钩住第2片主题花样的未完成的线圈，沿箭头方向拉出。

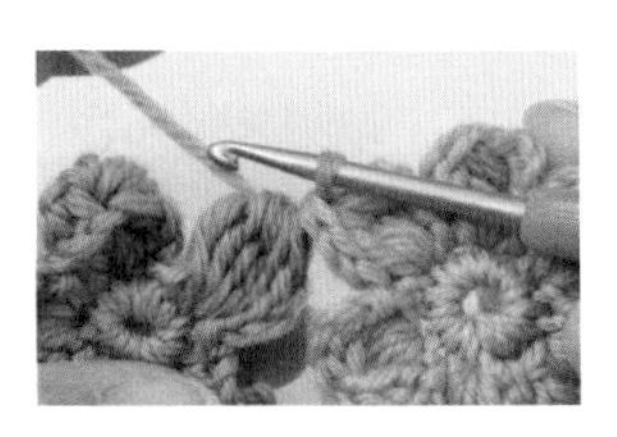

3 拉出线圈，第1片和第2片接合。接下来，继续钩编第2片。

4 第2片钩编完成，第1片和第2片接合到一起。

在同一处连接数片主题花样的方法

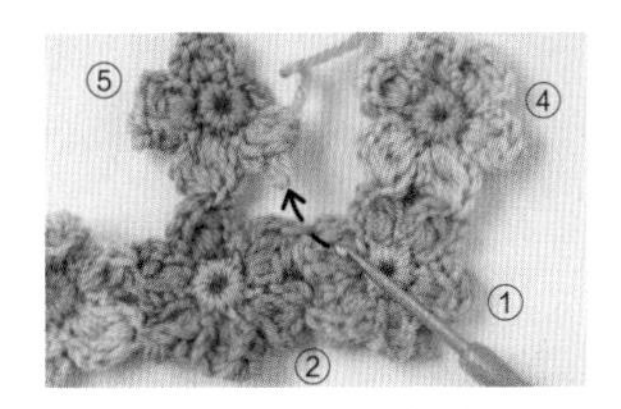

5 将第3·4片钩编连接，当第5片钩编到与第1·2片连接处之前时，将针从针眼内抽出，如箭头所示，从第1片长针5针的枣形针头部重新插入。

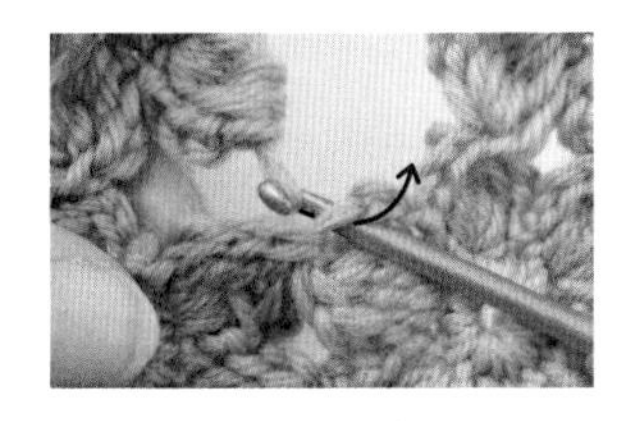

6 用针尖钩住第5片的松口线圈，沿箭头方向拉出。

7 拉出线圈，第5片和第1·2片连接在一起。接下来，继续钩编第5片。

8 第5片钩编完成，并与第1·2·3·4片接合在一起。

11·12 图片 & 制作方法：p.28,29 & p.30

渡线的方法

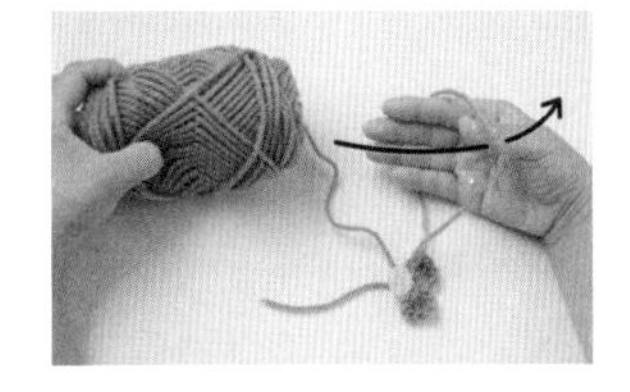

1 三色堇第2行钩编到最后，将针从针眼内抽出，并将该针眼扩大，使线团从扩大了的针眼内穿过。

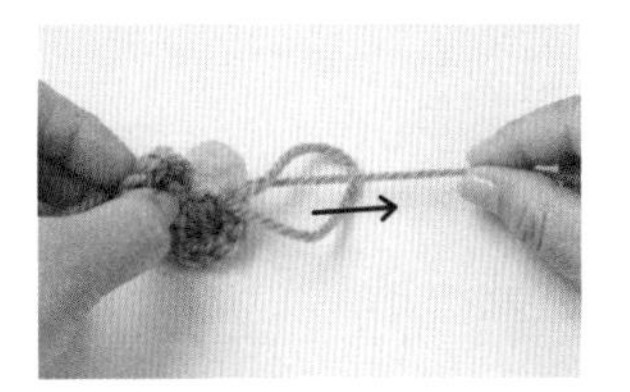

2 拉线，收紧被扩大了的针眼。

3 把线送到织片的反面，将针插入第3行起头的针眼内继续钩编。渡线要注意平整。

4 该图是织片的反面。如图所示，线从第2行的终点到第3行的起点穿过。

17·18 图片 & 制作方法：17/p.41 18/p.40,41 & p.42

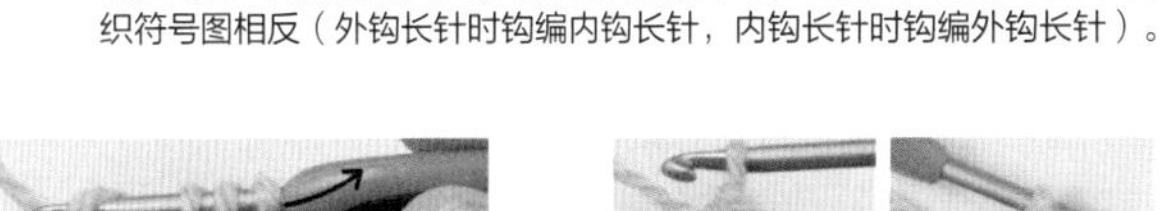

※由于是往返钩织（交互查看织片的正面和反面进行钩编的针法），所以，当看正面钩编时，按编织符号图钩编即可；当看反面钩编时，要与编织符号图相反（外钩长针时钩编内钩长针，内钩长针时钩编外钩长针）。

的钩编方法 ※ 变为 钩编

1 由于鞋跟和鞋口的第8行是查看织片反面钩编的行，所以 要变为 来钩编。

2 钩编了1针未完成的外钩长针。接下来，如箭头所示挑起上一行针眼根部，再钩1针未完成的长针。

3 钩编了1针未完成的内钩长针。

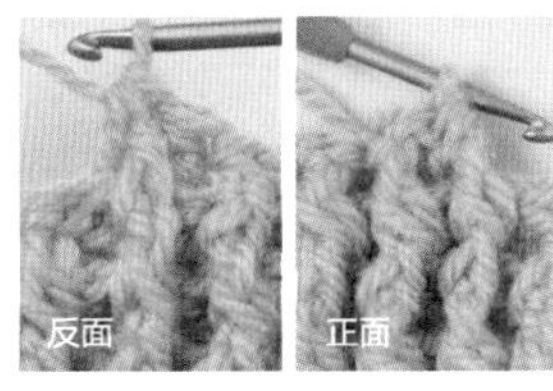

4 已完成（左图）。从织片的正面看就是（右图）。

的钩编方法

1 如箭头所示，将上一行 的根部一起挑起2根，钩编1针未完成的长针（参照p.61）。

2 钩编了1针未完成的外钩长针。接下来，与步骤1相同，将上一行根部一起挑起2根，再钩编1针未完成的长针。

3 钩编了2针未完成的外钩长针。接下来，针上挂线，如箭头所示一次性引拔。

4 钩编完毕。

18　图片 & 制作方法：p.40,41 & p.42

钩编球的收束方法

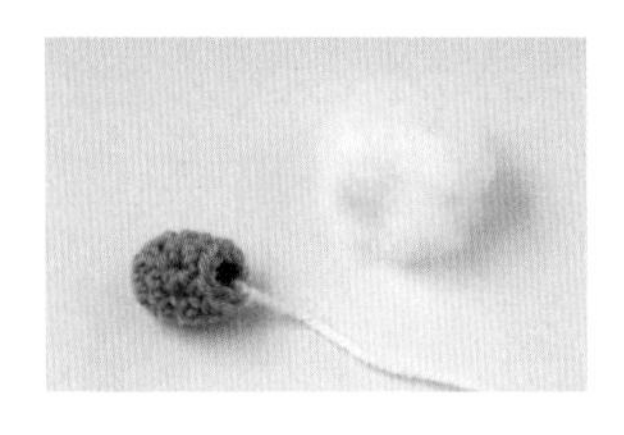

1 最后一行钩编完毕，保留足够长度后将线头剪断。※为便于观察解说，图中的线头颜色被替换成了白色。

2 向织物中塞入手工用棉。

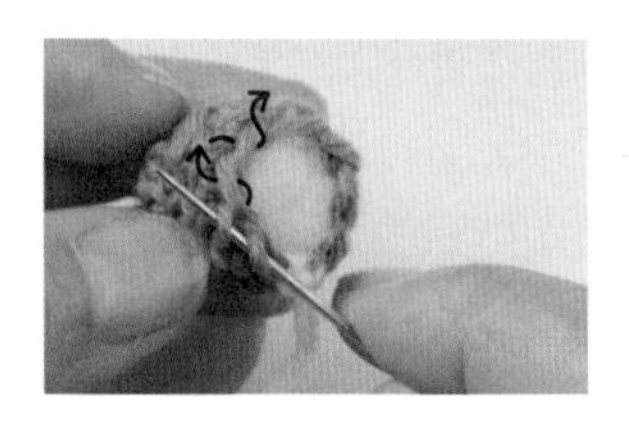

3 将线头穿入缝衣针，挑起最后一行近前线圈，所有针眼都挑一遍。

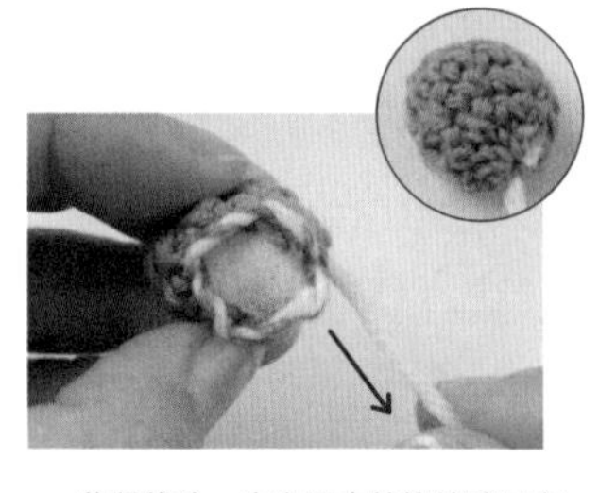

4 收紧线头。右上图中的钩编球已完工。将线头埋入织物中处理。

19·20　图片 & 制作方法：19/p.44,45　20/p.44 & p.46

V · W 的钩编方法　※V 变为 V，W 变为 W 钩编

※由于是往返钩织（在织片的正面和反面交替进行钩编的针法），所以，当看正面钩编时，按图例钩编即可；当看反面钩编时，要与图例相反（外钩长针时钩编内钩长针，内钩长针时钩编外钩长针）。

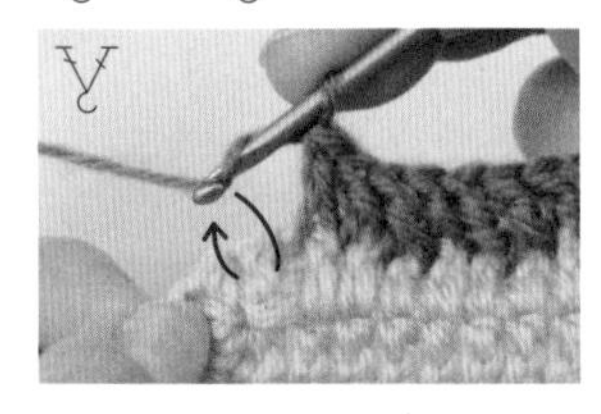

1 由于鞋面第2行是看着织片反面钩编的行，所以要将V变为V钩编。如箭头所示，挑起上一行针眼根部，钩编2针长针。

2 在上一行的1针眼上钩编2针外钩长针，V钩编完毕（左图）。从织片的正面看是V（右图）。

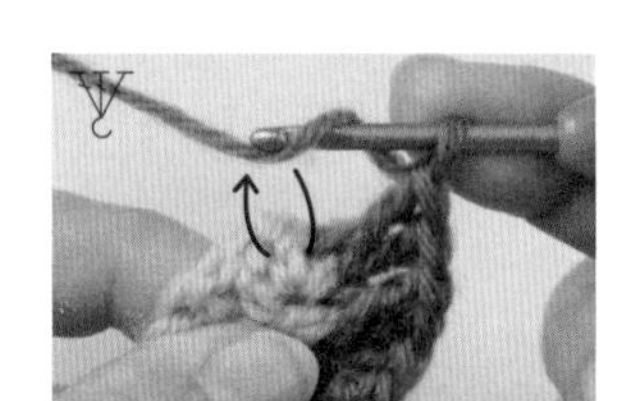

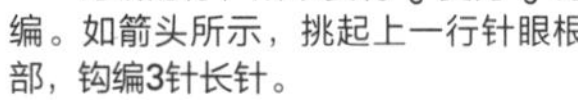

1 由于鞋面第2行是看着织片反面钩编的行，所以要将W变为W钩编。如箭头所示，挑起上一行针眼根部，钩编3针长针。

2 W钩编完毕（左图）。从织片的正面看是W（右图）。

19·20　图片 & 制作方法：19/p.44,45　20/p.44 & p.46

鱼鳞花样的钩编方法

1 靴筒第3行钩编完成后，钩第4行起立针，如箭头所示，将第3行起立针3针捆束在一起挑起，钩编长针4针和辫子1针。右下图为插入钩针的情形。

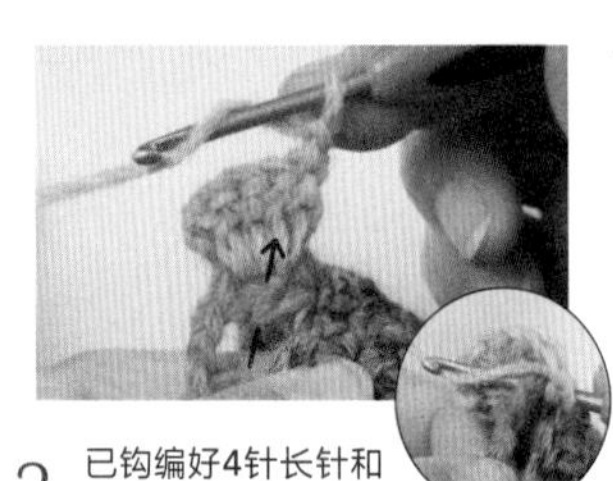

2 已钩编好4针长针和1针锁针。接下来，如箭头所示，将第3行的长针根部捆束在一起挑起，钩编长针5针和1针锁针。右下图为插入钩针的样子。

3 钩编完成1片鱼鳞花样。鱼鳞花样的第4·6·8·10行如图所示，织片的反面被钩编成正面。

4 同样的技巧，挑起第3行长针根部，钩编第4行。

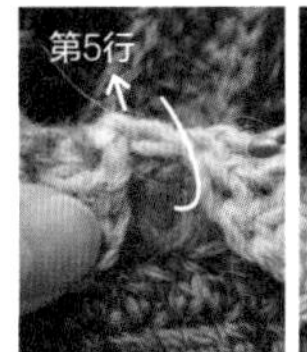

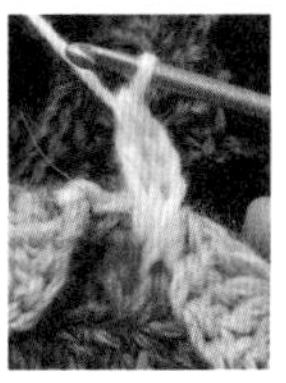

5 第5行使用新线，如箭头所示，将第3行的长针和长针之间与第4行的辫子捆束在一起挑起，钩编起立针3针和长针1针（左图）。右图是钩编完毕的样子。

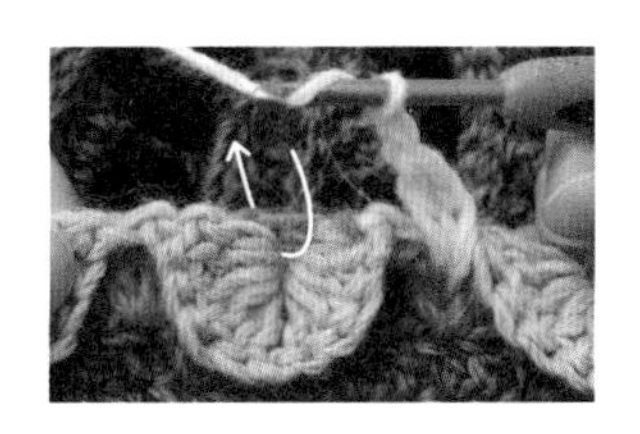

6 接下来，钩编2针锁针后，如箭头所示，将第3行的起立针和长针之间捆束在一起挑起，钩入长针2针。

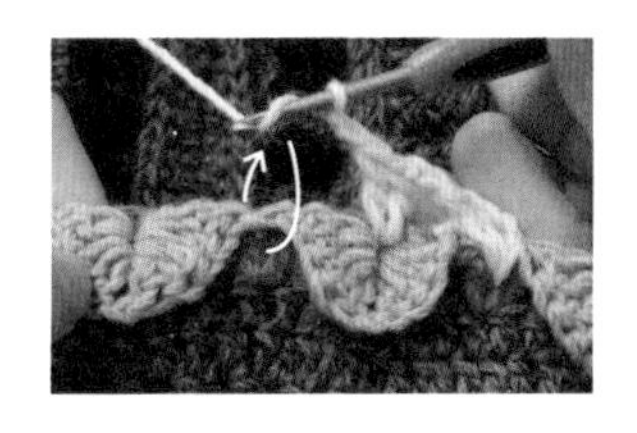

7 接下来，钩编好2针锁针后，如箭头所示，将第3行的长针和长针之间与第4行的辫子捆束在一起挑起，钩编长针2针。

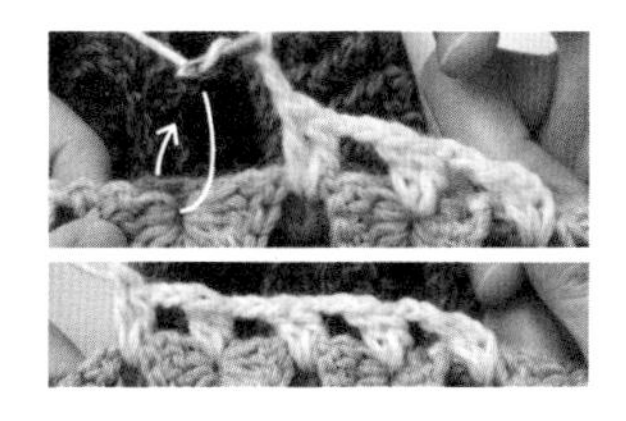

8 接下来，钩编好2针锁针后，如箭头所示，将第3行的长针和长针之间捆束在一起挑起，钩入长针2针。以同样的技巧，重复步骤7•8的方法钩编第5行。下图是钩编完成若干个花样的样子。

21 图片 & 制作方法：p.48 & p.50

的钩编方法

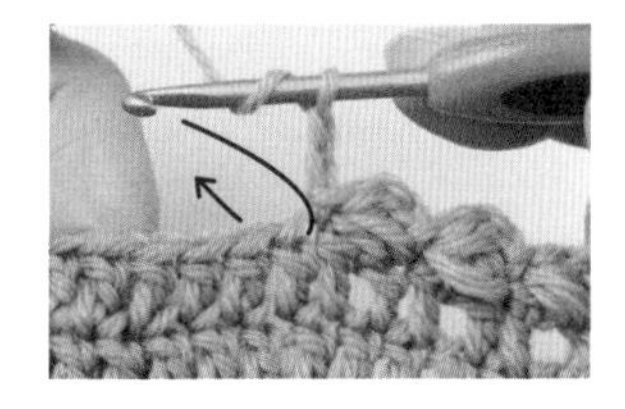

1 钩编2针锁针。

2 如步骤1箭头所示，挑起前一行针眼，钩编未完成的中长针（参照p.61）2针，针尖挂线，如箭头所示一次性引拔。

3 引拔，钩编完成2针锁针和中长针2针的枣形针。接下来，在上一行隔1针的下一针眼处钩编引拔针。

4 钩编好引拔针，完成了1个花样（上图）。下图是钩编完毕若干个花样的样子。

23·24 图片 & 制作方法：p49 & p.58

扭转短针的钩编方法

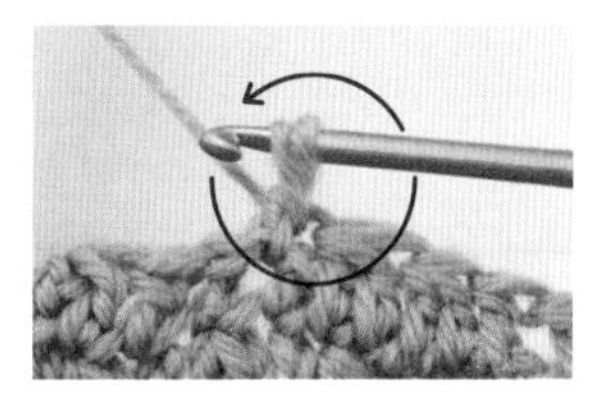

1 钩编1针起立针，“将针插入前一行的针眼，针尖挂线，将线拉出足够的长度，将针尖如箭头所示扭转”。

2 针尖挂线，如箭头所示一次性引拔。※由于步骤1中的扭转动作，使得●的部分呈现扭转状态。

3 钩编完成1针扭转短针。同样重复步骤1的“ ”部分和步骤2，钩编指定的针数。

4 已钩编完成扭转短针6针。

1

蕾丝荷叶边拨动少女心弦
这是属于“大”女孩的荷叶边室内鞋

荷叶边室内鞋

制作方法: p.10　设计&制作: 镰田惠美子

2

使用灰色线钩编给人以休闲和中性的印象。

1・2 荷叶边室内鞋

成品图：1/p.8 2/p.9

需要准备的东西

1：DARUMA达磨手编线 空气感羊毛羊驼线 / 浅蓝色（5）…80克、象牙色（1）…5g

2：DARUMA达磨手编线 空气感羊毛羊驼线 / 灰色（7）…80g、深蓝色（6）…10g

＊针

1·2：钩针4/0号（取1根线）7/0号（取2根线）

＊成品尺寸

1·2：鞋底长23cm·鞋深9.5cm

钩编方法（1・2 共通的钩编方法）

1 钩编主体：主体使用7/0号针，取2根线钩编。做环形起针，用短针条纹针加针，从鞋尖到鞋面逐行钩编18行，断线。在鞋面第18行的指定位置固定新线，用短针棱针往返钩编18行钩编侧面，断线。在侧面第18行的指定位置固定新线，用短针棱针往返钩编11行钩编鞋跟。

2 钩编缘编织：将鞋跟的♥·♡彼此对齐，进行所有针眼的卷缝（参照 p.63）。在鞋口的后跟部固定新线，在鞋口一圈钩编3行缘编织。

3 钩编荷叶边：荷叶边用4/0号针，取1根线钩编。挑起主体条纹针剩下的半针，往返钩编3行钩编荷叶边A·B·C。

1・2 主体

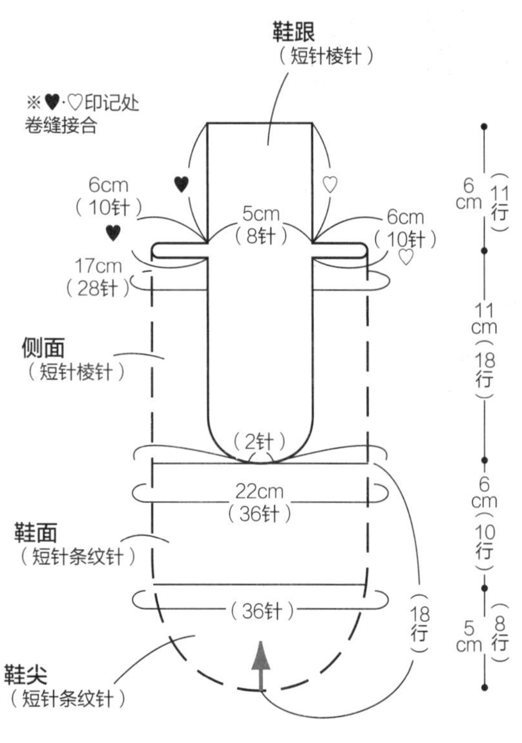

1・2 缘编织

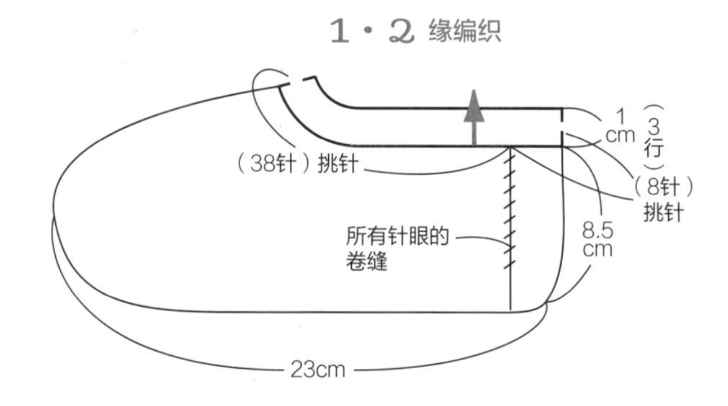

1・2 荷叶边

1・2 荷叶边A・B・C

4/0号 1 A・C：象牙色（取1根线）B：浅蓝色（取1根线） 2 灰色（取1根线）

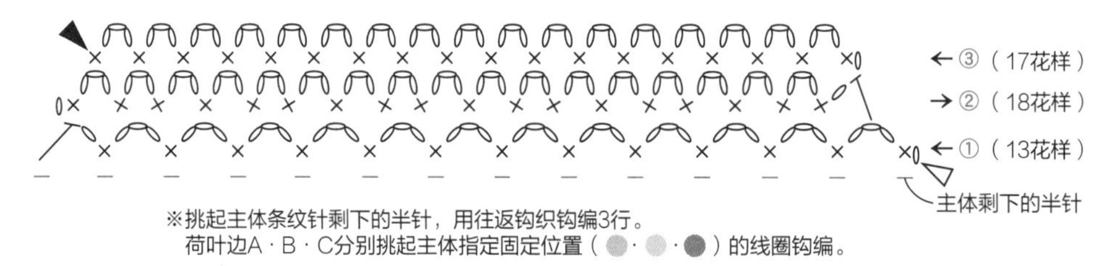

※挑起主体条纹针剩下的半针，用往返钩织钩编3行。
荷叶边A・B・C分别挑起主体指定固定位置（●・●・●）的线圈钩编。

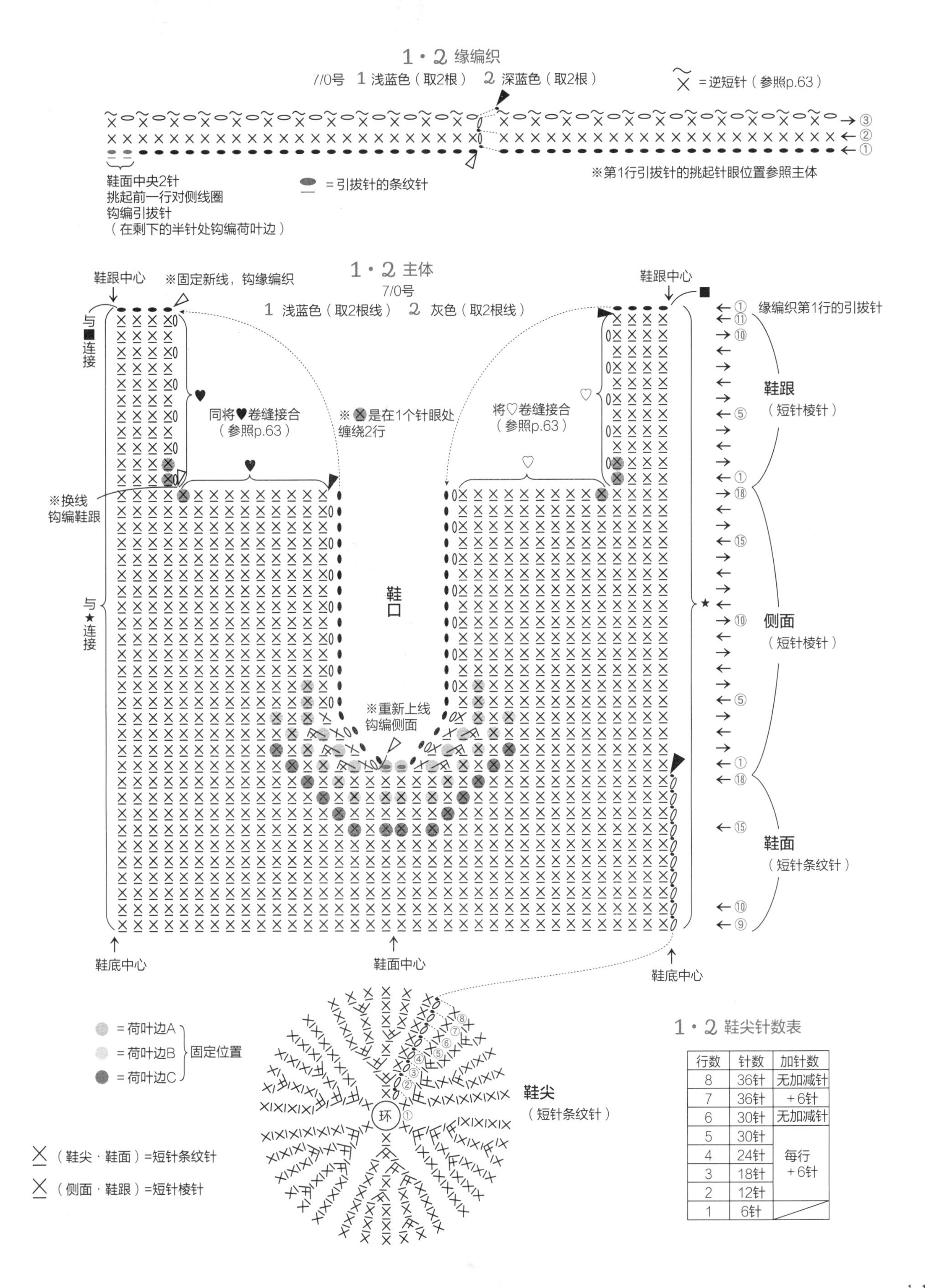

行数	针数	加针数
8	36针	无加减针
7	36针	+6针
6	30针	无加减针
5	30针	每行+6针
4	24针	
3	18针	
2	12针	
1	6针	

浪漫色调 & 柑橘色调
你更爱哪种?

绚丽主题花样鞋

制作方法: p.14　设计: 冈麻里子　制作: 内海理惠

袜子 左 TABIO
右 靴下屋/TABIO

3是系带穿法，演绎女性魅力。

4是将后跟微微翻折，更加舒适休闲。

3・4 绚丽主题花样鞋

成品图：p.12,13

需要准备的东西

3：Hamanaka滨中　淘气丹尼斯线 / 象牙色（2）…30g、浅蓝色（47）…20g、桃红色（5）・黄绿色（53）…各15g、粉色（9）…10g

4：Hamanaka滨中　淘气丹尼斯线 / 青色（45）…25g、黄绿色（53）…20g、柠檬黄（3）・橙色（44）…各15g、红色（10）…10g

＊针

3・4：钩针5/0号

＊成品尺寸

3・4：鞋底长24cm・鞋深7cm

钩编方法（无指定时为3・4共通的钩编方法）

1　钩编主题花样：环形起针，每行都换色，按指定颜色钩编5行。钩编12片（一只鞋6片）主题花样。

2　钩编主题花样：参照配置图配置主题花样，首先将“鞋底”和“鞋面・鞋底”的主题花样4片所有针眼卷缝接合（参照p.63）。然后，如图所示，将“鞋面・中央”和“鞋跟”的主题花样与“鞋底”的主题花样的所有针眼卷缝接合（参照p.63）。★☆印记处也以同样方法接合。

3　钩编缘编织：在鞋口处钩编缘编织2行。

4　钩编系带（仅限3）：在鞋跟的系带安装处钩入系带。

3・4 主题花样

各12片

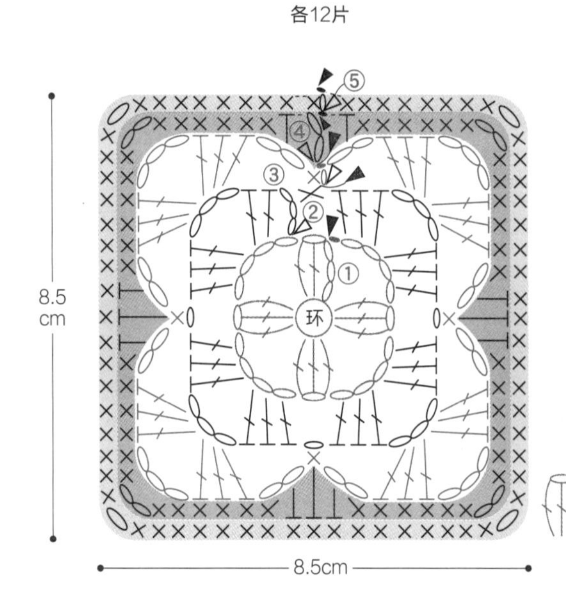

3・4 主题花样配色表

行数	3	4
5	象牙色	青色
4	浅蓝色	黄绿色
3	黄绿色	柠檬黄色
2	桃红色	橙色
1	粉色	红色

3・4 组合方法

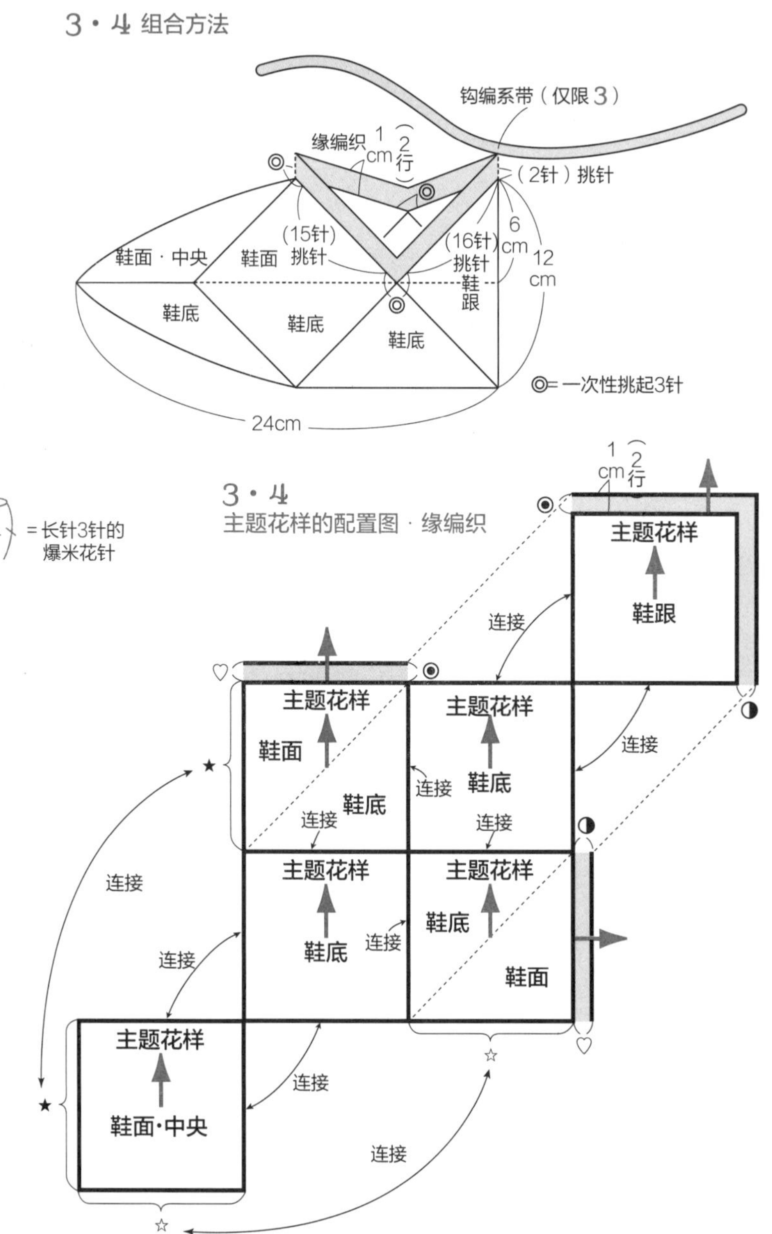

3 系带 2根 象牙色

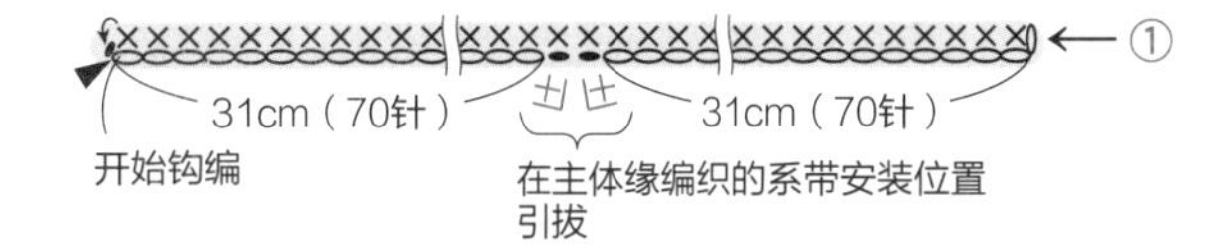

主题花样的连接方法

① 参照配置图，配置主题花样，首先将“鞋底”和“鞋面·鞋底”的主题花样4片所有针眼卷缝接合（p.63）。
（将 ←——→ 印记的箭头顶端彼此对齐缝合）

② 接下来，如图所示，将“鞋面·中央”和“鞋跟”的主题花样的所有针眼卷缝，将★☆印记处与他处一样缝合（p.63）。
（将 ←······→ 印记的箭头顶端彼此对齐缝合）

←→ =将箭头印记处所有针眼卷缝接合（参照p.63）

3·4 主题花样的配置图·缘编织

3 缝合线·缘编织：象牙色　4 缝合线·缘编织：青色

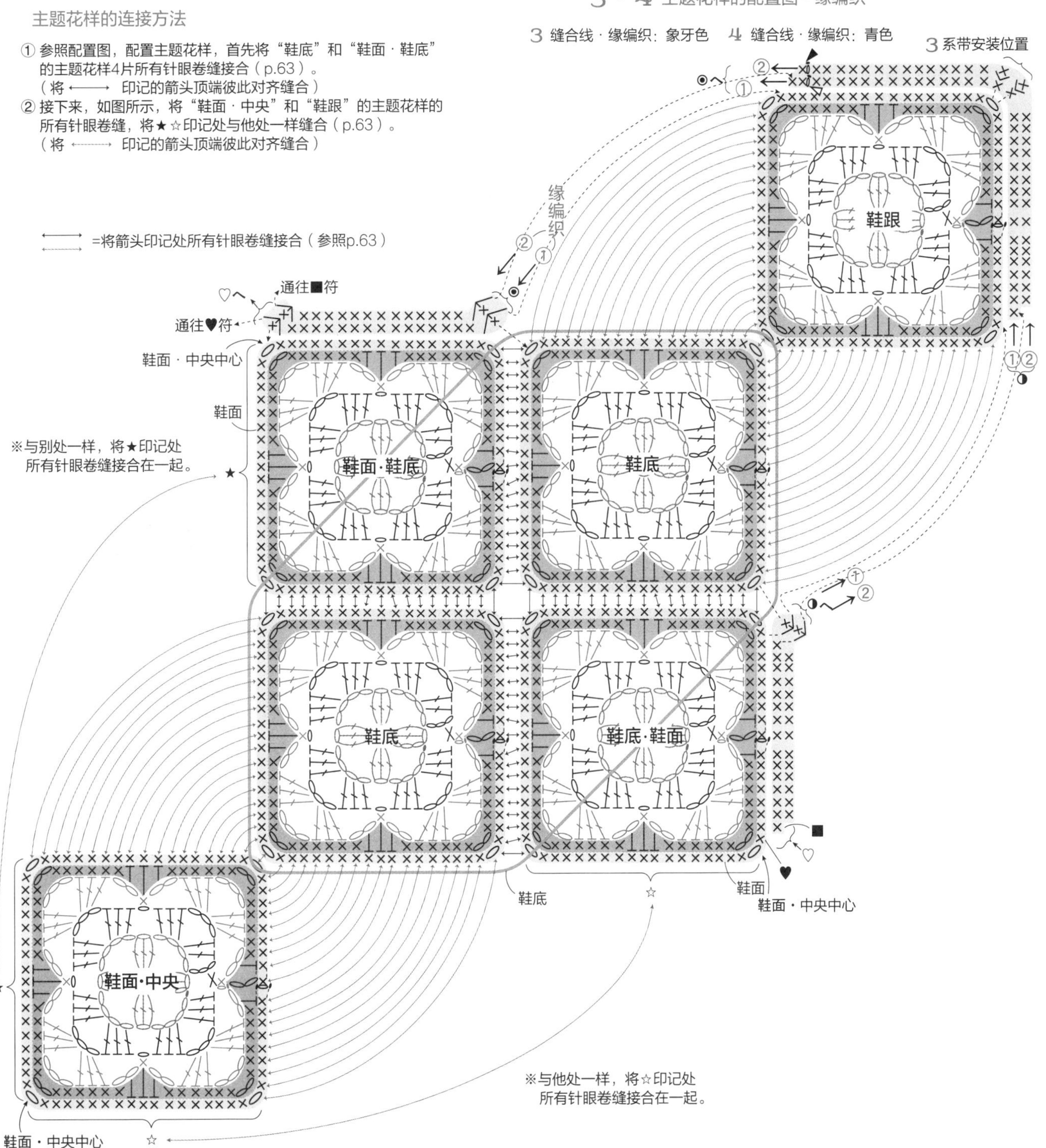

可爱的双色轻柔毛绒室内鞋

鞋帮可立起，也可折叠，有2种穿法。

双色毛绒鞋

制作方法: p.18　设计&制作: 沟端广美

立起鞋帮扣上扣子，连脚踝都包裹严实，好暖和。

连衣裙 ADIEU TRISTESSE LOISIR 代官山安德雷斯迪赛店

5·6 双色毛绒鞋

成品图：5/p.16,17 6/p.16

需要准备的东西

5：Hamanaka滨中 Men's club MASTER / 浅灰色（56）…110g Lupo 露波线/白色（1）…35g、茶色（4）…20g 纽扣（直径2cm）…2个

6：Hamanaka滨中 Men's club MASTER / 紫粉色（68）…110g Lupo 露波线 /灰色（2）…35g、红紫色（11）…20g 纽扣（直径2cm）…2个

＊针

5·6：钩针7/0号

＊成品尺寸

5·6：鞋底长23cm·鞋深19cm

钩编方法（5·6共通的钩编方法）

1 钩编主体：起5针锁针，钩编5行短针作为鞋尖。接下来，用花样编织钩编10行鞋面·侧面，断线。在鞋面·侧面的第10行换新线，长针往返钩织8行钩编鞋跟·鞋口。

2 钩编靴筒：将鞋跟的★号印记处彼此接合，把所有针眼卷缝接合（参照p.63）。连接后，从主体的鞋口处挑起针眼，用花样编织往返钩织钩编4行。

3 钩编缘编织：在靴筒周围，长针往返钩织3行钩编缘编织。

4 收尾整理：在缘编织的指定位置钩入扣眼。在鞋口的指定位置缝上扣子。用大齿梳子梳理缘编织（露波线）部分，理顺毛绒。

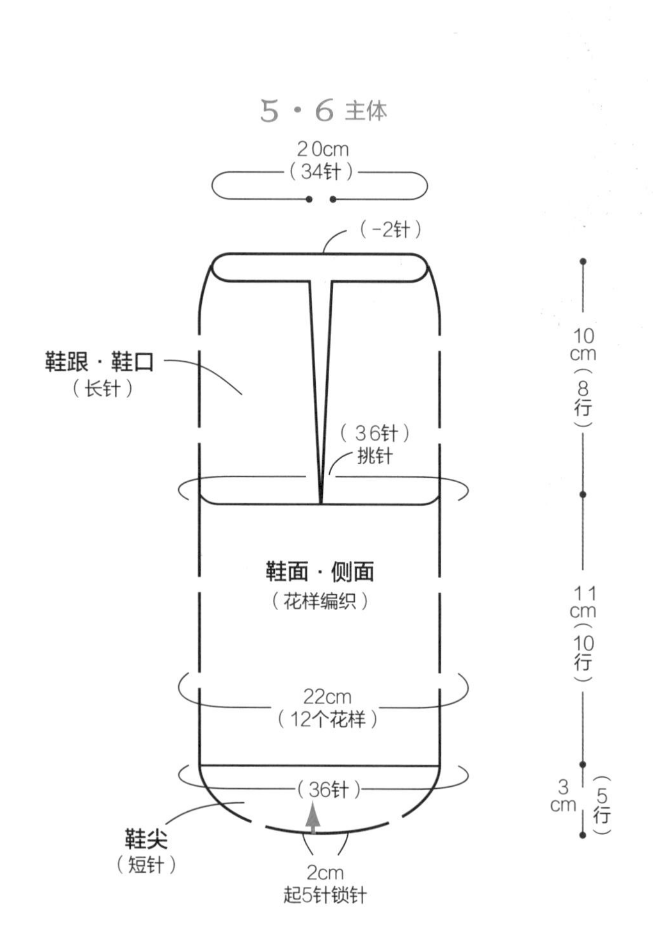

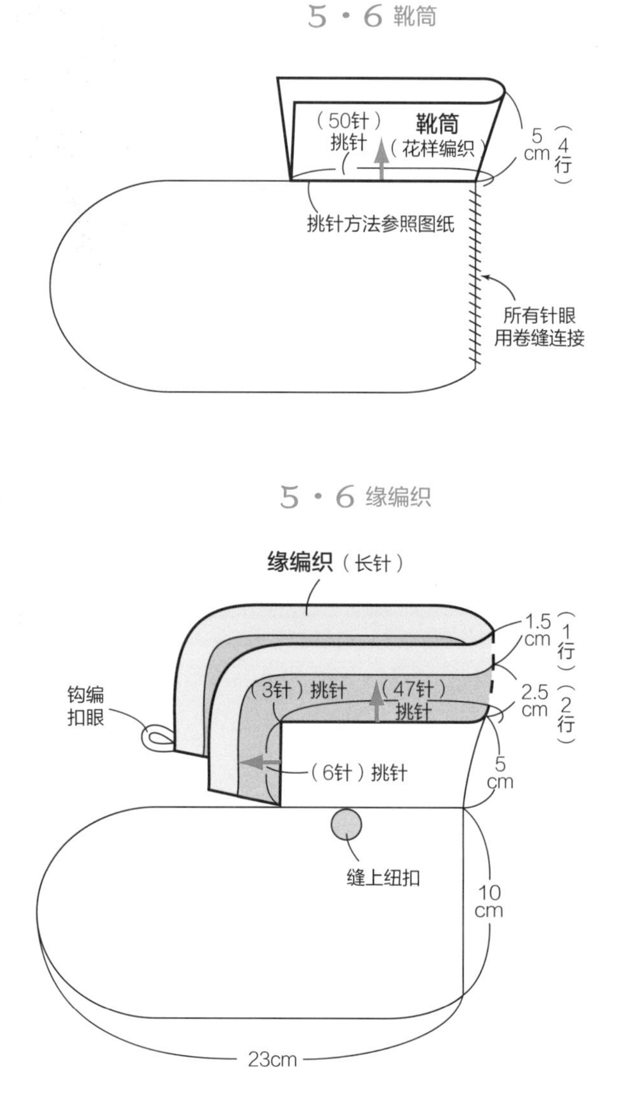

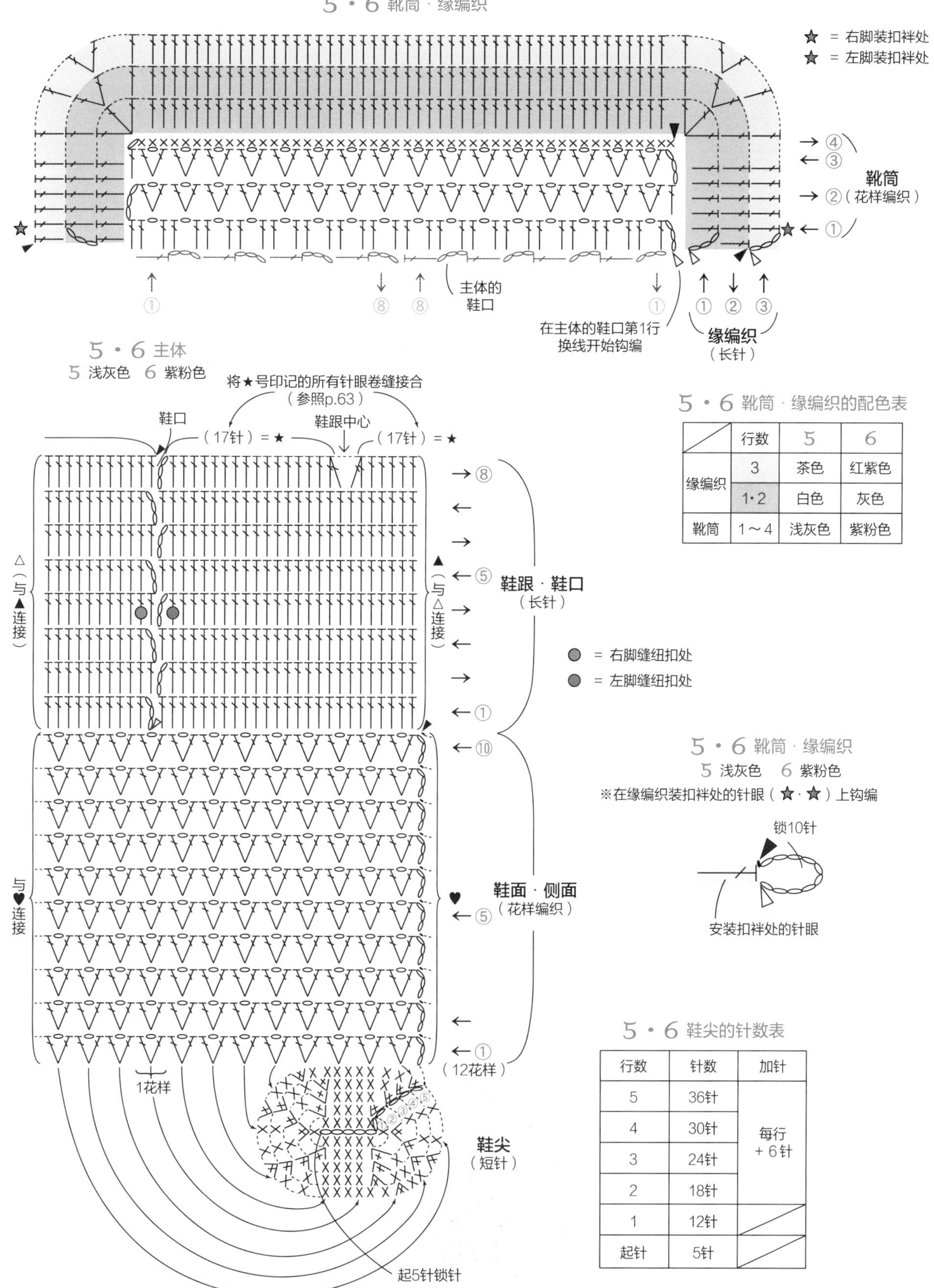

5・6 靴筒 · 缘编织的配色表

	行数	5	6
缘编织	3	茶色	红紫色
	1・2	白色	灰色
靴筒	1～4	浅灰色	紫粉色

5・6 鞋尖的针数表

行数	针数	加针
5	36针	每行＋6针
4	30针	
3	24针	
2	18针	
1	12针	
起针	5针	

提花图案鞋

制作方法: p.22,57　重点课程: 8/p.4　设计&制作: 沟端广美

温暖、自然的提花图案美极了。

可以按照自己的喜好调整配色，乐在其中。

7

深浅蓝的提花图案，
使用亮粉色画龙点睛。

7・8 提花图案鞋

成品图&重点课程：7/p.20 8/p.21 & p.4

需要准备的东西

7：Olympus奥林巴斯 Tree House 树屋　Leaves叶子线/橙色系混合（4）…65g、绿色系混合（5）…20g、茶色系混合（3）…10g

8：Olympus 奥林巴斯 Tree House 树屋 Leaves 叶子线 / 青色系混合（9）… 60g、浅蓝色系混合（2）…25g、粉色系混合（6）…10g

*针

7・8：钩针 5/0 号

*成品尺寸

7・8：鞋底长 23cm・鞋深 8cm

钩编方法（除特别指出之外 7・8 钩编方法相同）

※8 的钩编图纸详见 p.57

1 钩编鞋尖：起 4 针锁针，用短针条纹针钩编 6 行。

2 钩编鞋面・侧面：用短针条纹针的提花图案钩编 23 行（参照 p.4）。

3 钩编鞋口・鞋跟：在鞋面・侧面的第 23 行的指定位置换新线，往返钩织钩编 19 行短针。

4 钩编缘编织：将鞋口・鞋跟的第 19 行♥印记处的所有针眼彼此对齐卷缝（参照 p.63）。在鞋口处用短针钩 1 行缘编织。

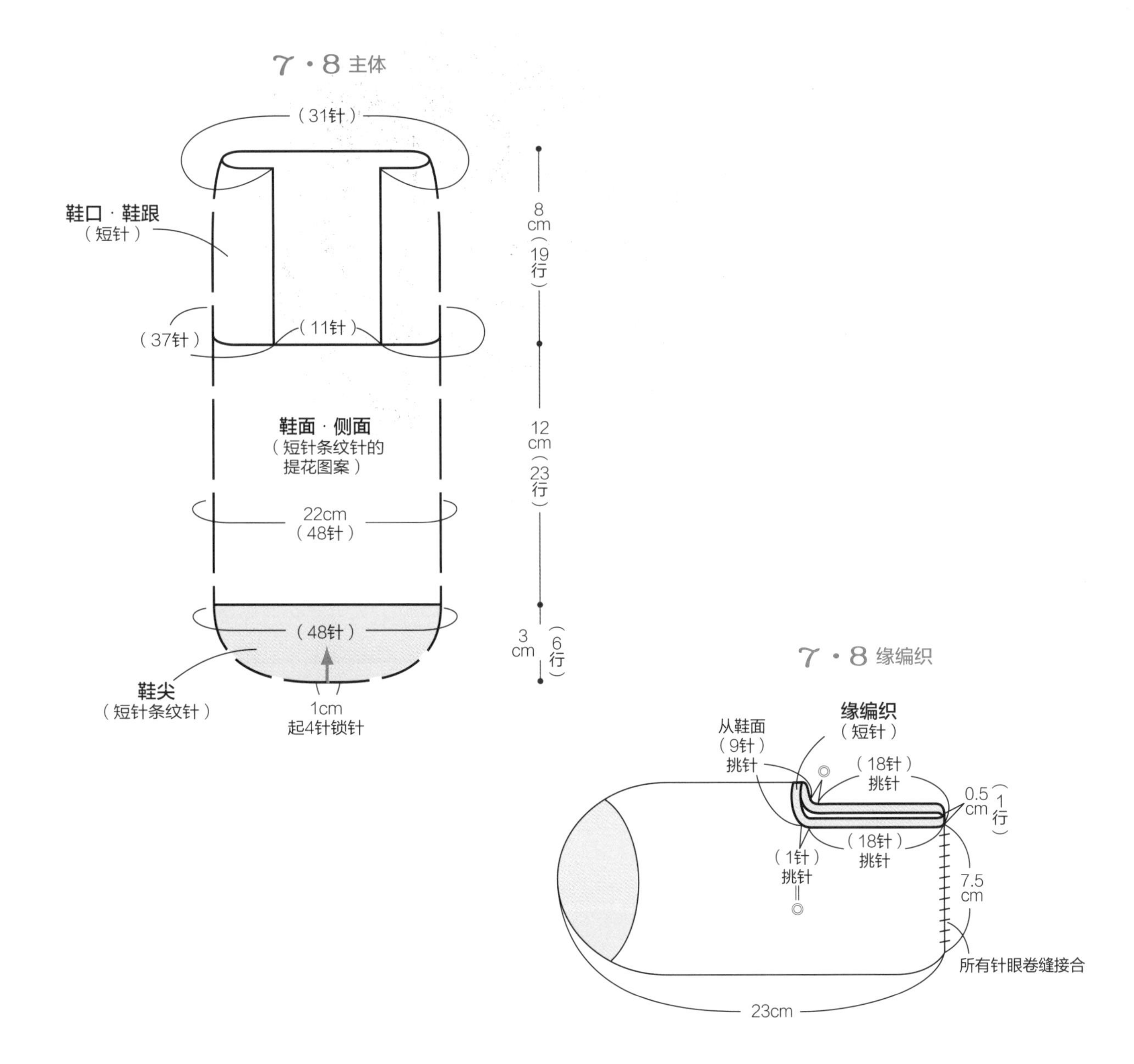

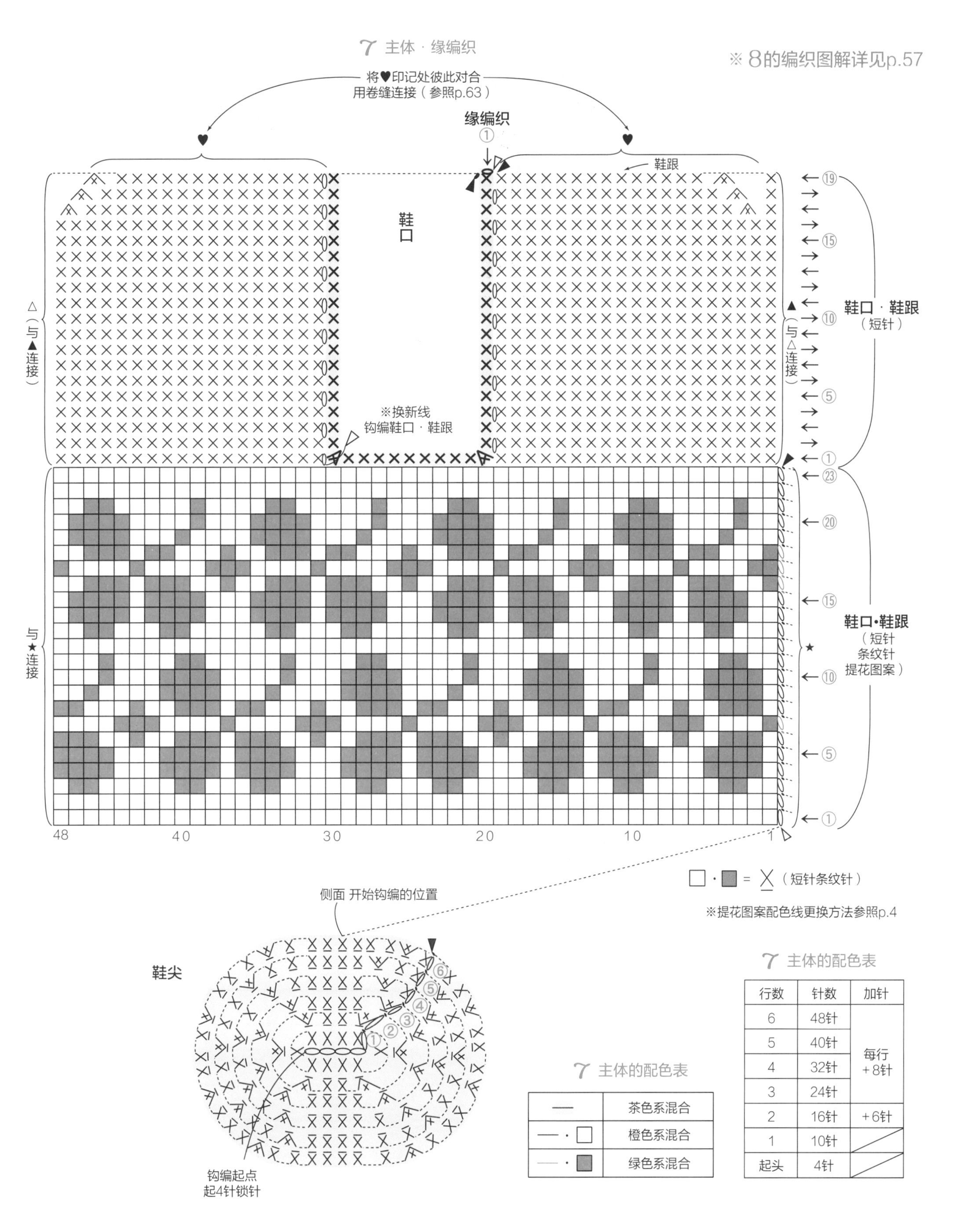

7 主体的配色表

—	茶色系混合
— · □	橙色系混合
— · ■	绿色系混合

7 主体的配色表

行数	针数	加针
6	48针	每行+8针
5	40针	
4	32针	
3	24针	
2	16针	+6针
1	10针	
起头	4针	

即便在家也不忘记穿得很可爱……

连衣裙 congés payés ADIEUTRISTESSE
连裤袜 靴下屋/Tabio

缤纷小花开满鞋面
仿佛一片花海。

迷你花朵鞋

制作方法: p.26　重点课程: 9/p.4,5　设计&制作: 远藤广美

9·10 迷你花朵鞋

成品图&重点课程：9/p.24,25 10/p.25 & p.4,5

需要准备的东西

9：DARUMA 达磨手编线 美利奴风尚 普通粗细 / 柔绿色（16）…95g Soft Lamb 柔软羔羊 / 酸橙绿（9）… 10g、奶油色（3）· 柠檬黄（4）· 浅蓝色（20）· 淡紫色（29）· 烟蓝色（32）…各 5g

10：DARUMA 达磨手编线 美利奴风尚 普通粗细 / 紫色（9）…95g Soft Lamb 柔软羔羊 / 明黄色（33）…20g、橙红色（5）…15g、奶油色（3）· 粉色（21）· 烟蓝色（32）· 亮粉色（34）…各 10g

*针

9·10：钩针 6/0 号 · 8/0 号

*成品尺寸

9：鞋底长 23cm·鞋深 5cm

10：鞋底长 23cm·鞋深 7cm

钩编方法（除特别指出之外，9·10 钩编方法相同）

1 钩编主体：主体使用 8/0 号针，取 2 根线钩编。起 24 针锁针，用花样编织钩编 5 行鞋底。接下来，用短针 8 行钩编侧面（侧面的第 1 行用短针条纹针钩编）。

2 钩编主题花样：主题花样用 6/0 号针，取 1 根线钩编。参照“主题花样的配置·连接顺序”，将各个指定配色的主题花样按序号顺序钩编（参照 p.4,5）。连接主题花样时需看正面。

3 收尾：将钩编连接在一起的主题花样织片反面朝上缝在在主体上。作品 9 钩编系带，安装在主体鞋跟的安装系带处，在系带端头缝上各自指定的主题花样。作品 10 钩编系带，缝在主体的鞋面上。

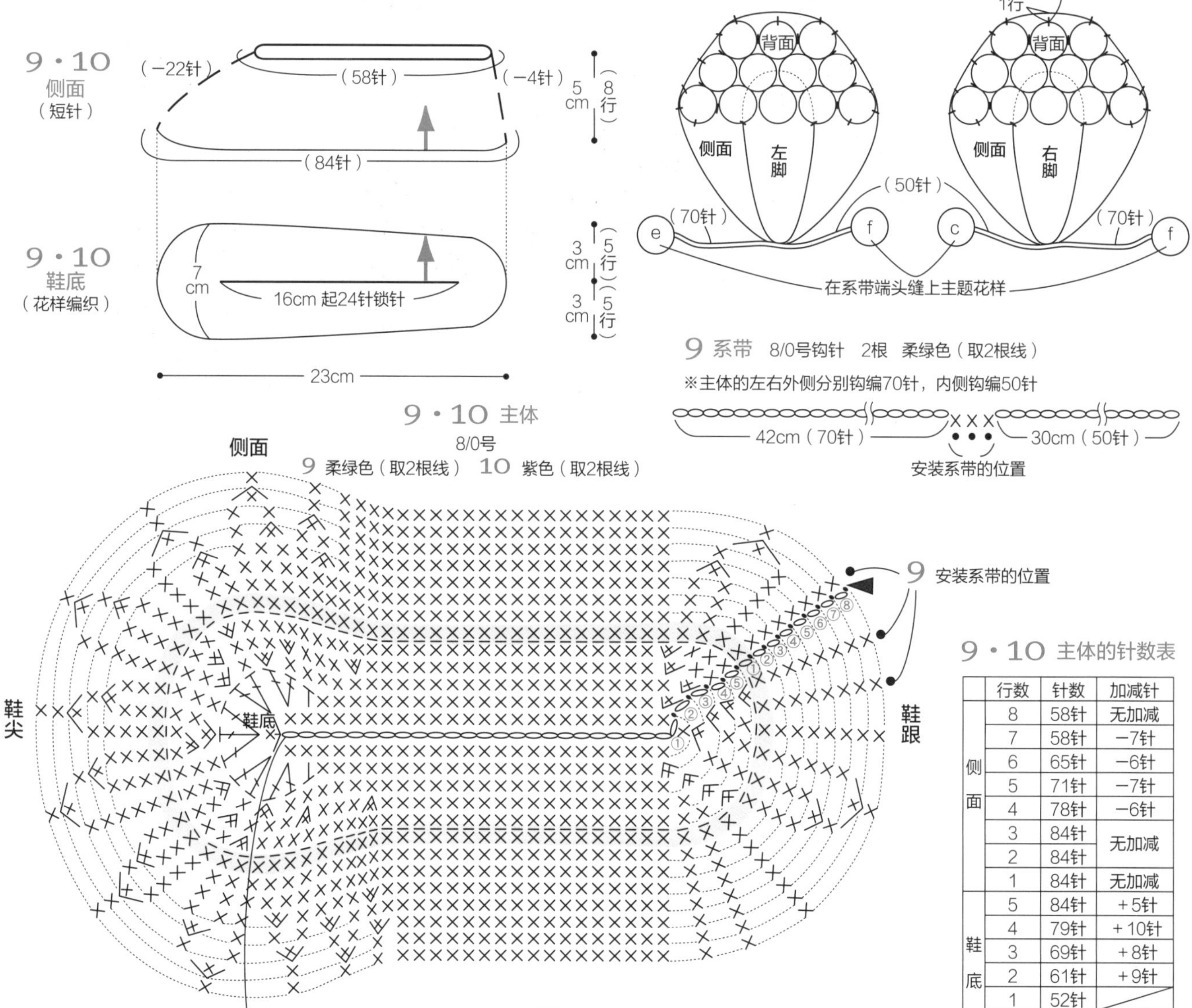

9·10 主体的针数表

	行数	针数	加减针
侧面	8	58针	无加减
	7	58针	−7针
	6	65针	−6针
	5	71针	−7针
	4	78针	−6针
	3	84针	无加减
	2	84针	
	1	84针	无加减
鞋底	5	84针	+5针
	4	79针	+10针
	3	69针	+8针
	2	61针	+9针
	1	52针	
	起头	24针	

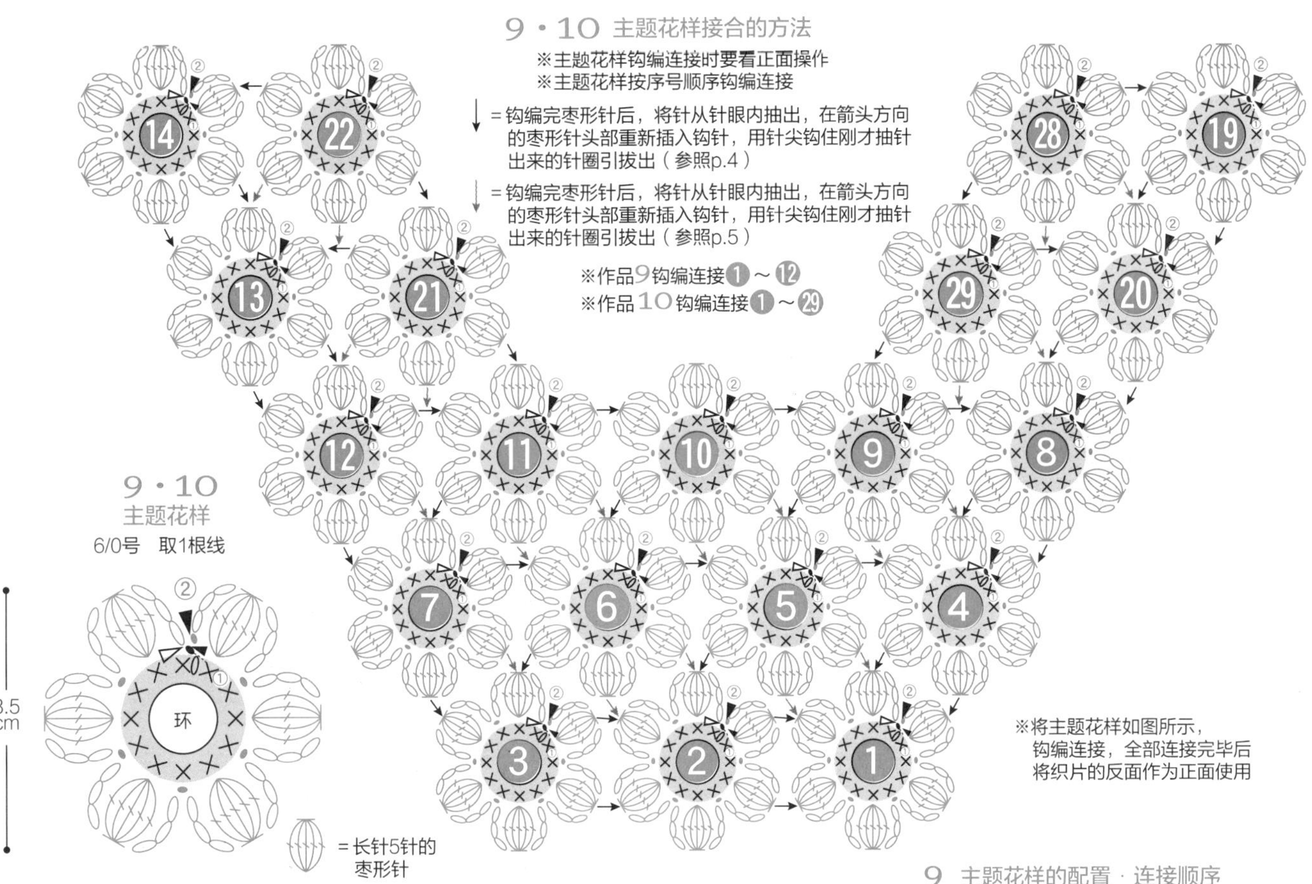

9 主题花样的配色表

	第1行	第2行	片数
a	淡紫色	柠檬黄色	4
b	奶油色	烟蓝色	4
c	柠檬黄色	浅蓝色	5
d	烟蓝色	奶油色	4
e	酸橙绿	淡紫色	5
f	浅蓝色	酸橙绿	6

※全部取1根线钩编

10 主题花样的配色表

	第1行	第2行	片数
a	明黄色	烟蓝色	8
b		粉色	各10
c		橙红色	
d	橙红色	亮黄色	
e	亮黄色	亮粉色	
f	橙红色	奶油色	

※全部取1根线钩编

9 主题花样的配置・连接顺序

※将主题花样按指定的配色和序号钩编连接（参照p.45）

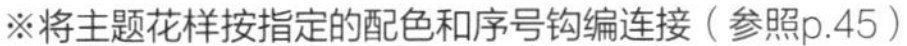

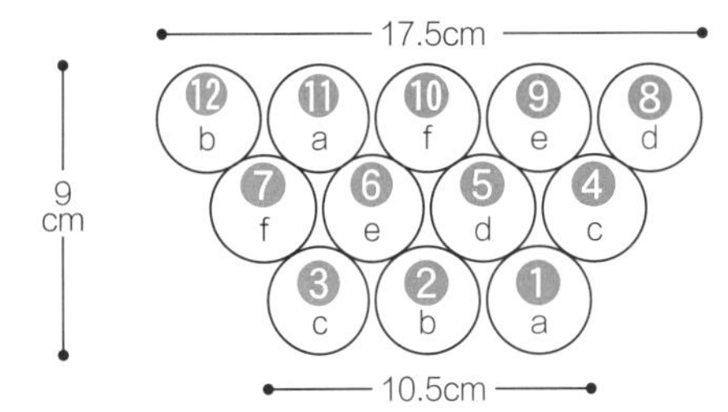

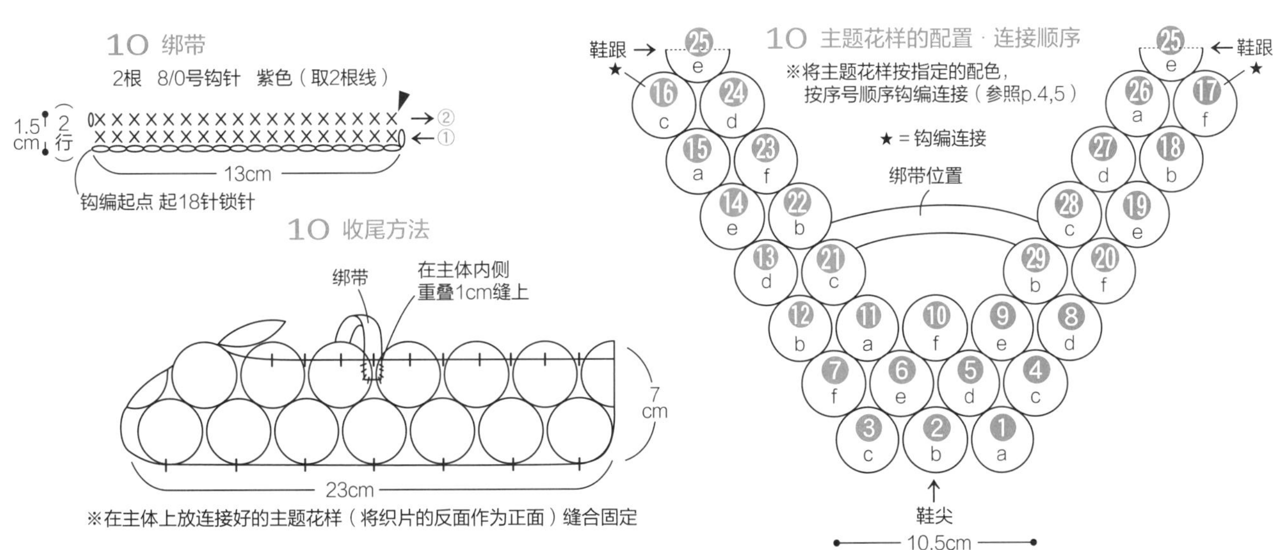

惹人喜爱的三色堇女孩鞋。
花边镶满鞋口，让可爱倍增。

三色堇鞋

制作方法: p.30　重点课程: p.5　设计: 冈麻里子　制作: 内海理惠

同款不同色，和好朋友一起穿，好美啊！

袜子/Tabio

11・12 三色堇鞋

成品图&重点课程：p.28,29 & p.5

需要准备的东西

11：DARUMA 达磨手编线 手纺风格塔姆线 / 浅蓝色（16）…60g、象牙色（1）・紫粉色（6）…各 10g、黄色（15）…少量 接近本色的美利奴羊毛线 / 亮绿色（15）…10g

纽扣（直径 1.5cm）…2 个

12：DARUMA 达磨手编线 手纺风格塔姆线 / 紫色（7）… 60g、象牙色（1）・深蓝色（14）…各 10g、黄色（15）…少量 接近本色的美利奴羊毛线 / 亮绿色（15）…10g

纽扣（直径 1.5cm）…2 个

＊针

11・12：钩针 7/0 号・8/0 号

＊成品尺寸

11・12：鞋底长23cm・鞋深6cm

钩编方法（11・12 共通的钩编方法）

1 钩编主体：起 22 针锁针，依次钩编鞋底→侧面→缘编织（鞋底・侧面用 8/0 号针钩编，缘编织用 7/0 号针钩编）。侧面第 1 行，用短针条纹针钩编。

2 钩编三色堇：环形起针，钩编时注意配色。从第 2 行到第 3 行，从第 4 行到第 5 行改行时，要暂时收线，将线从织片的反面绕到下一行后继续钩编（参照 p.5）。

3 钩编叶子和鞋袢：叶子起 6 针锁针，叶子的部分钩编完成后，继续钩编茎部。在主体的缘编织上。

4 收尾：参照“收尾方法”，在主体的鞋面上各缝4片叶子。在叶子上面各缝2朵三色堇。将纽扣缝在主体上的相应位置。

11・12 主体・缘编织

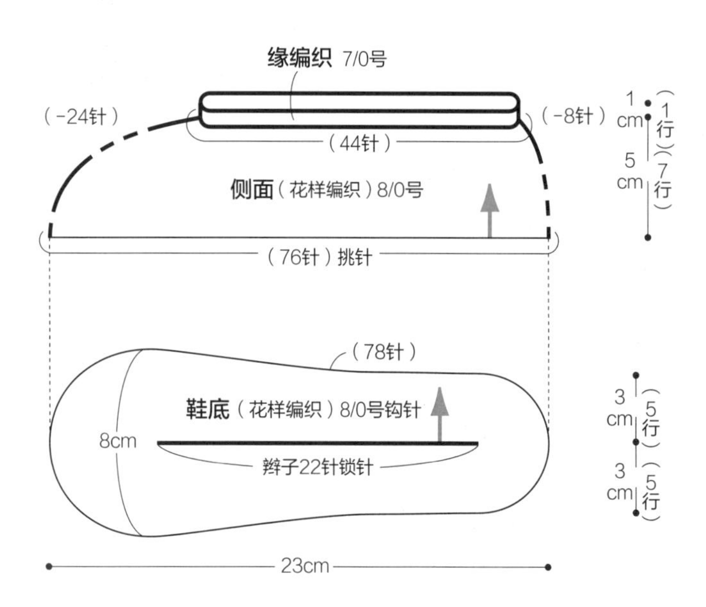

11・12 收尾方法

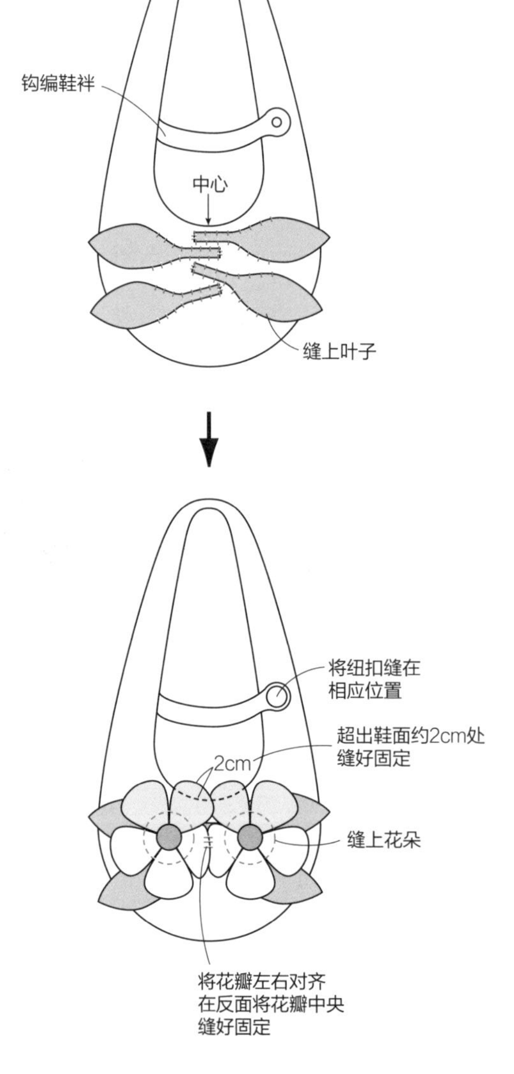

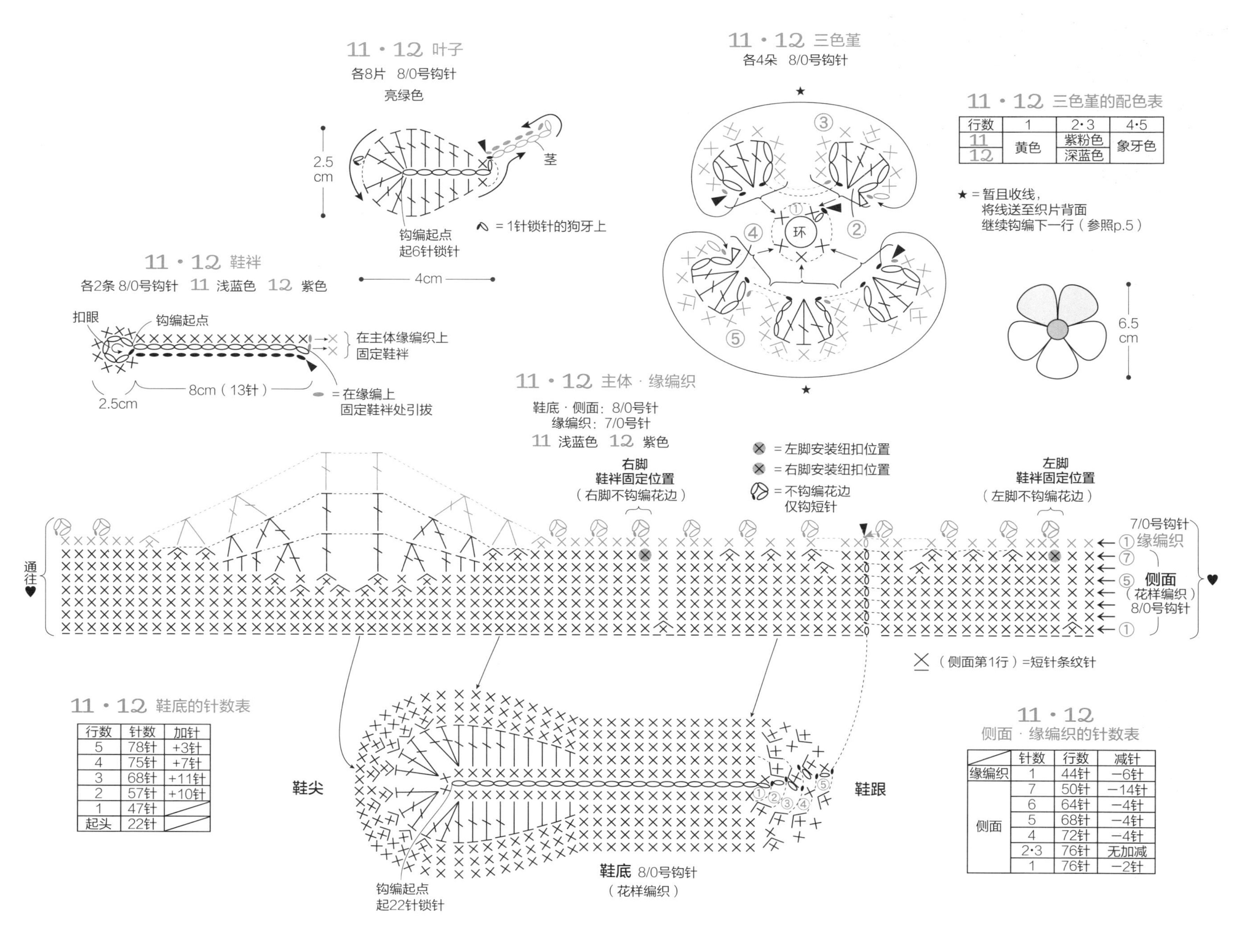

11・12 三色堇的配色表

行数	1	2・3	4・5
11	黄色	紫粉色	象牙色
12	黄色	深蓝色	象牙色

11・12 鞋底的针数表

行数	针数	加针
5	78针	+3针
4	75针	+7针
3	68针	+11针
2	57针	+10针
1	47针	
起头	22针	

11・12 侧面・缘编织的针数表

	针数	行数	减针
缘编织	1	44针	−6针
侧面	7	50针	−14针
	6	64针	−4针
	5	68针	−4针
	4	72针	−4针
	2・3	76针	无加减
	1	76针	−2针

颗粒状并带有系带的鞋子非常可爱。

小花朵是点睛之笔。

系带风格鞋

制作方法: p.34　设计: 河合真弓　制作: 栗原由美

连衣裙 congés payés ADIEUTRISTESSE　打底裤 Tabio　袜子 Tabio

用温暖的室内鞋陪你度过休闲时光。

13・14 系带风格鞋

成品图：13/p.32 14/p.33

需要准备的东西

13：Hamanaka 滨中 Sonomono Hairy 本色毛绒 / 灰色（125）…30g、Amerry 阿梅丽线 / 自然白色（20）…少量 室内鞋用毛毡鞋底（H204-594）… 1 副 纽扣（直径 1.3cm）…2 个

14：Hamanaka 滨 中 Amerry 阿梅丽线 / 珊瑚粉（27）… 65g、自然白色（20）… 10g 室内鞋用毛毡鞋底（H204-594）…1 副

＊针

13・14：钩针 5/0 号

＊成品尺寸

13：鞋底长 23cm·鞋深 6cm

14：鞋底长 23cm·鞋深 9.5cm

钩编方法（除特别指出之外，13・14 钩编方法相同）

1 钩编主体：第 1 行挑毛毡鞋底的小孔钩编底座（参照 p.4）。1 个小孔钩 1 针共计钩编 70 针。接下来，第 2 行钩编短针条纹针。作品 13 钩编到主体的第 15 行。作品 14 钩编到主体的第 18 行。

2 钩缘编织（仅限作品 14）：接主体的第 18 行继续，钩 2 行缘编织。

3 钩编各个部分：作品 13 钩编鞋袢和花朵。作品 14 钩编装饰绳。装饰绳需将钩编起点的线预留 30cm 左右，钩编完单侧的花样后，穿过主体穿装饰绳的位置。穿过后，用预留的线钩编对侧的花样。

4 收尾（仅限作品 13）：将鞋袢和纽扣缝在主体的指定位置，将花朵缝在指定位置收尾。

13・14 主体第1行

13 灰色 14 珊瑚粉

※主体第1行挑毛毡鞋底的小孔钩编短针固定（参照p.4）。
※每1个小孔钩1针共钩编70针。

（短针）

鞋尖侧　毛毡底　鞋跟侧

①

共计挑起70针　钩编起点

13 主体

（-17针）

（53针）

主体（花样编织）

6cm（15行）

（70针）

14 主体・缘编织

（12花样）

缘编织

2.5cm（2行）

（-22针）

（48针）

主体（花样编织）

7cm（18行）

（70针）

13・14 主体·缘编织（仅限作品14）

13 灰色 14 珊瑚粉

※作品13钩编到第15行　※作品14钩编到第18行

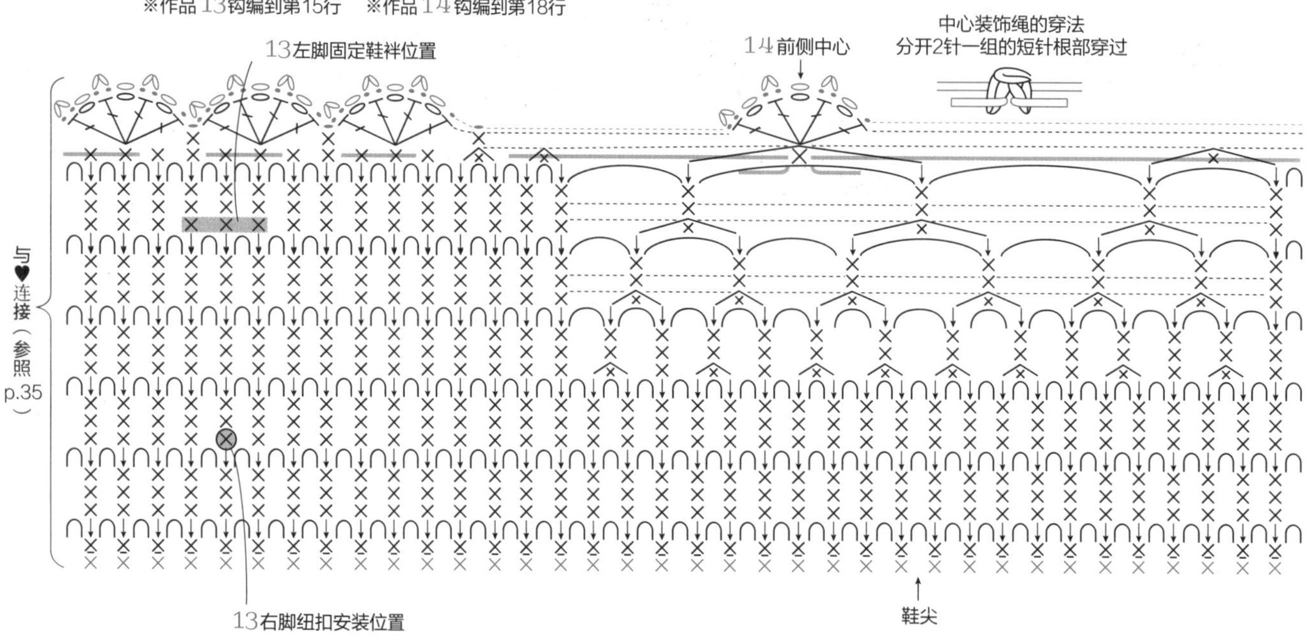

13 收尾方法

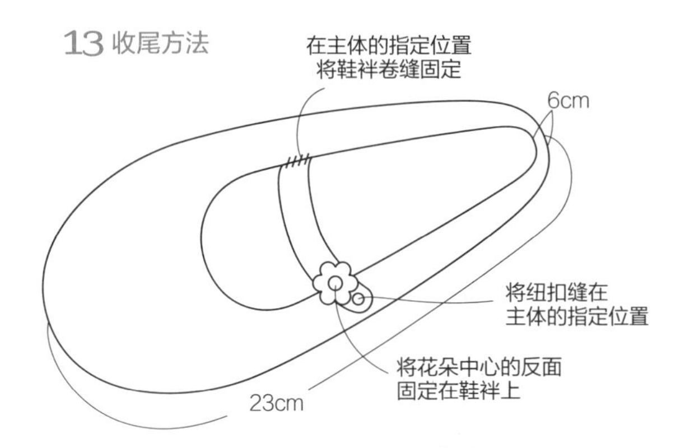

14 收尾方法

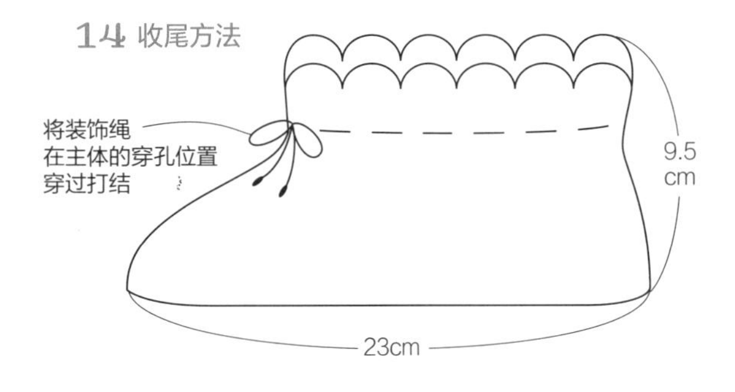

13 花朵 2片

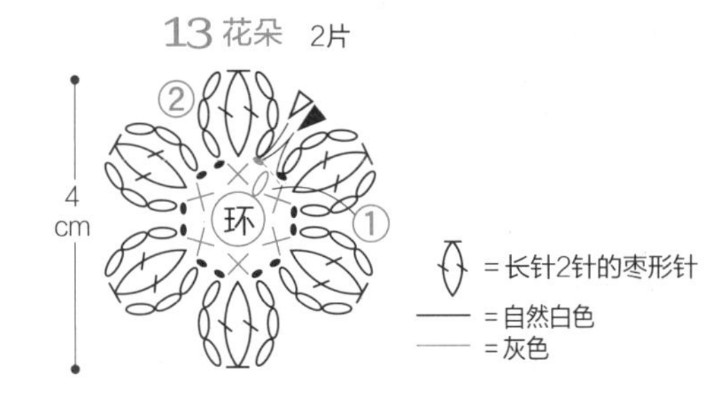

14 装饰绳 2根 自然白色

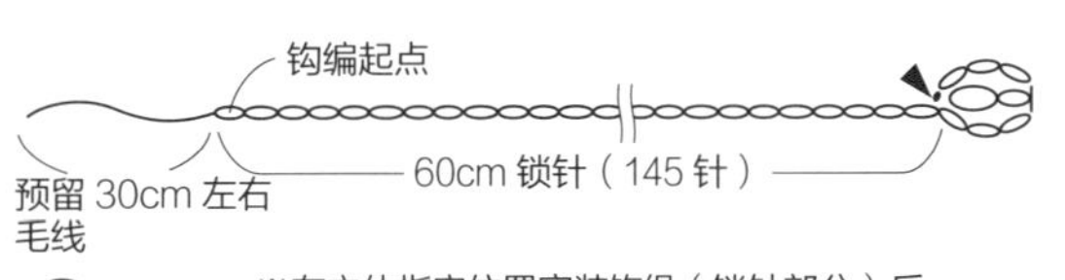

13 鞋袢 （花样编织）

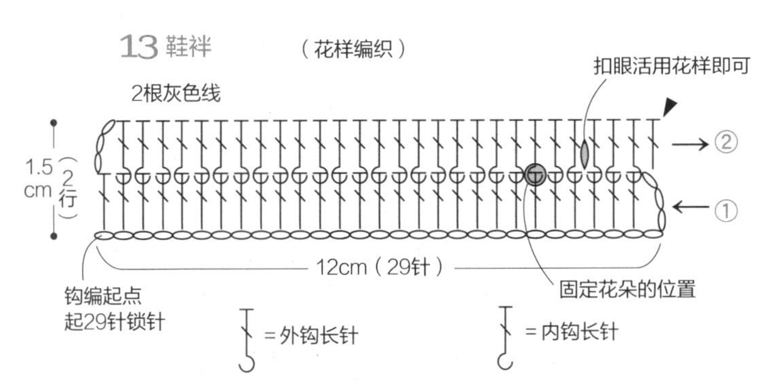

13・14

主体•缘编织（仅限作品14）的针数表

		行数	针数	减针
缘编织		1·2	12花样	
主体		18	48针	-5针
		16·17	53针	
		15	53针	-3针
		13·14	56针	
		12	56针	-6针
		10·11	62针	
		9	62针	-8针
		1~8	70针	

※作品13钩编到第15行

14 缘编织的配色表

第2行	自然白色
第1行	珊瑚粉

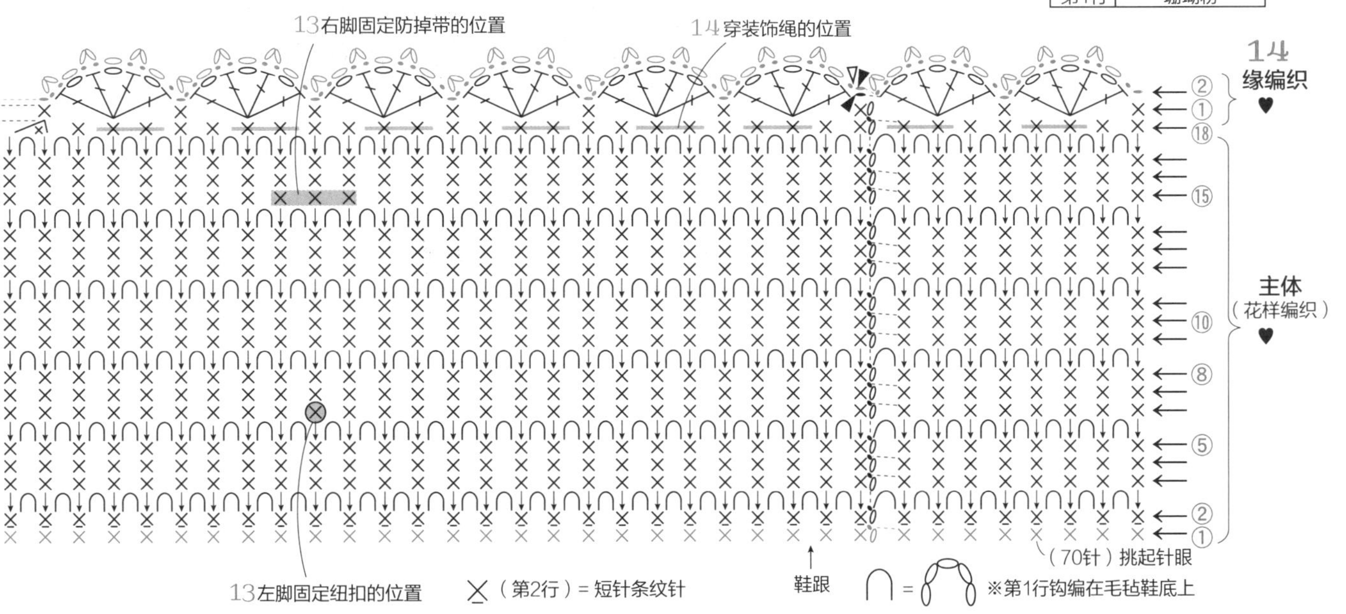

灵动的流苏袜子鞋，
毛绒素材的鞋底让脚心，暖融融的。

流苏袜子鞋

制作方法: p.38　设计&制作: 鎌田恵美子

即便是做家务也可以穿着室内鞋，暖融融又可爱。

毛衣 congés payés ADIEUTRISTESSE　袜子 靴下屋/Tabio

15·16 流苏袜子鞋

成品图：15/p.36,37 16/p.36

需要准备的东西

15：Olympus 奥林巴斯 Tree House 树屋 Forest 森林线/橙色系混合（105）…115g 免缝钩编专用鞋底（大人用）…1 副

16：Olympus 奥林巴斯 Tree House 树屋 Forest 森林线/红色系混合（104）… 95g、青色系混合（108）… 15g、象牙色混合（101）… 5g、免缝钩编专用鞋底（大人用）… 1 副

＊针

15·16：钩针 5/0 号

＊成品尺寸法

15·16：鞋底长 23cm · 鞋深 14.5cm

钩编方法（15·16 共通的钩编方法）

1 钩编主体：起 16 针锁针，从鞋尖到鞋面用花样 A 的往返钩织钩编到第 22 行。从鞋口第 1 行开始分左右各自钩编 16 行。首先用原线右侧钩编 16 行，然后在第 22 行的指定位置换新线，左侧钩编 16 行。钩编完成后，将鞋跟♥印记处对齐，将所有针眼卷缝（参照 p.63）。

2 钩编鞋底：挑钩编专用鞋底的小孔，钩编第 1 行（参照 p.4）。在钩编专用鞋底的小孔（全部 48 个）每孔各钩 2 针短针（共计 96 针）。接下来，钩编第 2 行。第 2 行钩编完成后，将主体和鞋底反叠对齐，看着鞋底，将第 3 行的引拔针和主体以及第 2 行一起挑针钩编，将主体和鞋底缝合（参照 p.63“引拔缝合”）。

3 钩编靴筒和缘编织：从主体的鞋口挑针，用花样 B 钩编 6 行靴筒，接下来用短针条纹针 4 行作为缘编织。

4 固定流苏：在靴筒缘编织的指定位置上固定流苏（参照 p.64“流苏的缝法”）。

●●（缘编织第2·4行）=固定流苏的位置

※挑起条纹针将剩下的近手侧线圈固定

15·16 靴筒和缘编织

15 橙色系混合　16 红色系混合

15 ●● =橙色混合色

16 ● =青色系混合　● =象牙色系混合

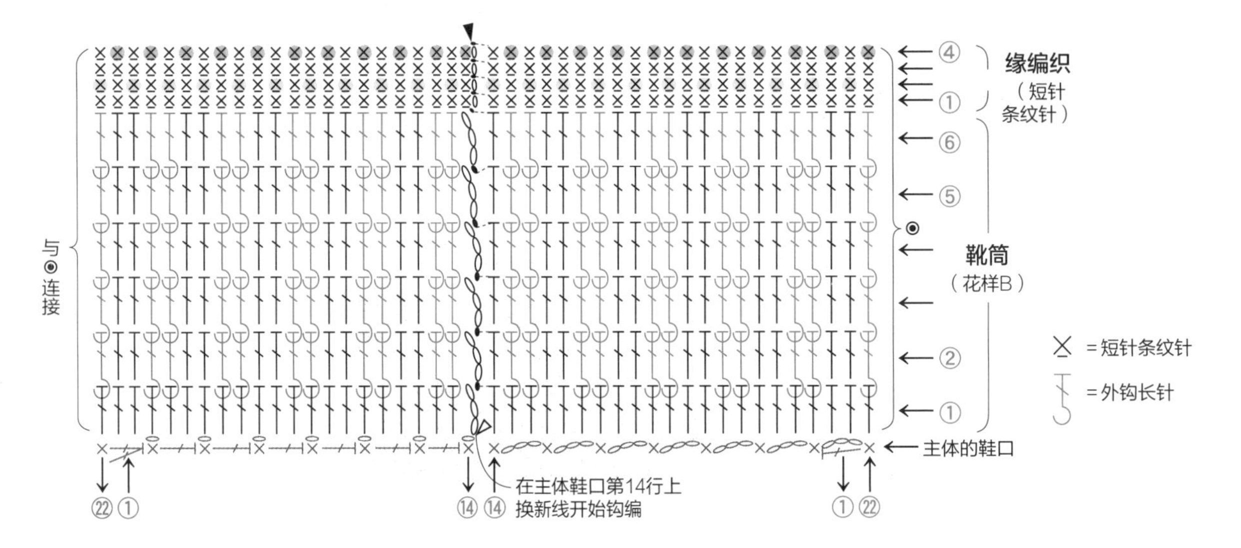

15·16 收尾方法

15·16 固定流苏的方法

15 橙色系混合：176根线

16 青色系混合：88根线　象牙色系混合：88根线

①将线准备必要的根数，剪切为8.5cm。

②将剪切好的线取2根对折，将其固定在靴筒边缘指定位置的线圈上（参照p.64“流苏的固定方法”）。

在指定位置预留的近手线圈上固定

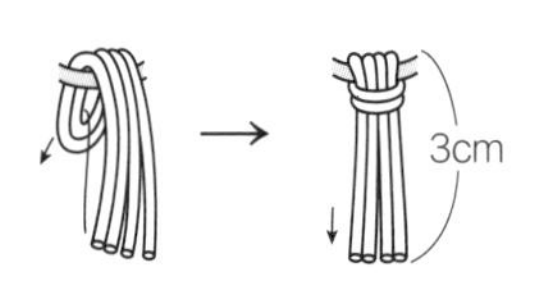

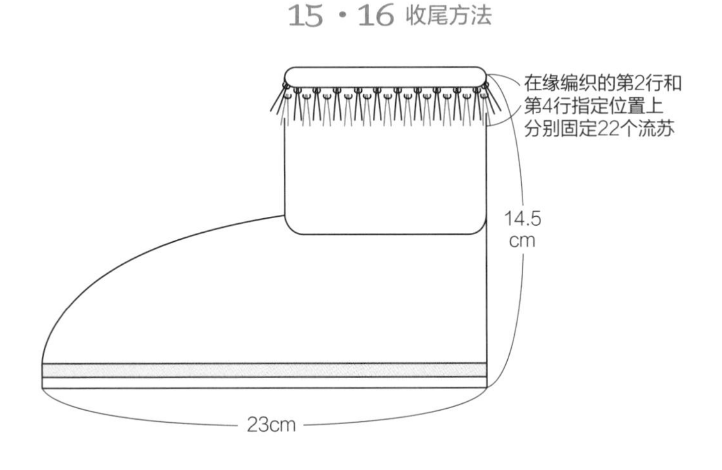

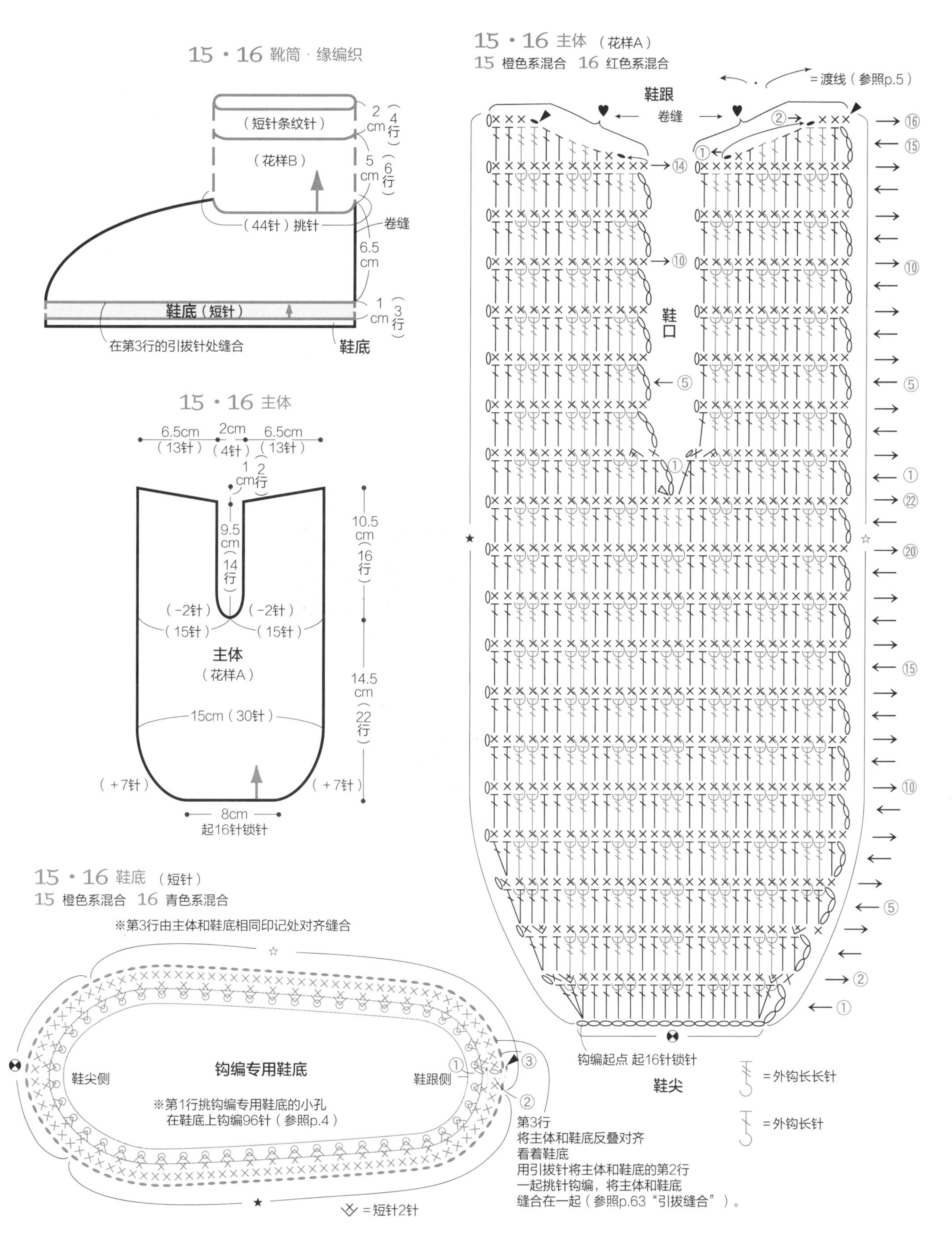

15・16 靴筒・缘编织
（短针条纹针）
（花样B）
2 cm（4行）
5 cm（6行）
（44针）挑针
卷缝
6.5 cm
鞋底（短针）
1 cm（3行）
在第3行的引拔针处缝合
鞋底
15・16 主体
6.5cm（13针）
2cm（4针）
6.5cm（13针）
1 cm（2行）
9.5 cm（14行）
10.5 cm（16行）
（-2针）
（15针）
主体
（花样A）
15cm（30针）
14.5 cm（22行）
（+7针）
8cm
起16针锁针
15・16 鞋底（短针）
15 橙色系混合 16 青色系混合
※第3行由主体和鞋底相同印记处对齐缝合
钩编专用鞋底
鞋尖侧
鞋跟侧
※第1行挑钩编专用鞋底的小孔
在鞋底上钩编96针（参照p.4）
= 短针2针
15・16 主体（花样A）
15 橙色系混合 16 红色系混合
= 渡线（参照p.5）
鞋跟
卷缝
鞋口
钩编起点 起16针锁针
鞋尖
= 外钩长长针
= 外钩长针
第3行
将主体和鞋底反叠对齐
看着鞋底
用引拔针将主体和鞋底的第2行
一起挑针钩编，将主体和鞋底
缝合在一起（参照p.63"引拔缝合"）。

鞋尖上的可爱小球画龙点睛。

尖头鞋魅力无限。
可采用外钩针和内钩针做出立体感。

尖头鞋

制作方法: p.42　重点课程: 17/p.5　18/p.5,6　设计: 河合真弓　制作: 栗原由美

17·18 尖头鞋

成品图&重点课程：17/p.41 18/p.40,41 & p.5,6

需要准备的东西

17：DARUMA 达磨手编线 朋朋羊毛线 / 深灰色（7）…110g 接近本色的美利奴羊毛线 / 黄色（6）…25g

18：DARUMA 达磨手编线 朋朋羊毛线 / 深蓝色（5）…110g 接近本色的美利奴羊毛线 / 红色（13）…10g

手工棉…少量

＊针

17：钩针 8/0 号

18：钩针 6/0 号·8/0 号

＊成品尺寸

17：鞋底长 28cm·鞋深 11cm

18：鞋底长 28cm·鞋深 9cm

※17·18 都供 23cm 的脚码使用

钩编方法（无指定者为 17·18 共通的钩编方法）

1 钩编主体：主体用8/0号钩针钩编。环形起针，如图所示，钩编鞋尖8行→鞋面5行。接下来，往返钩织9行鞋跟·鞋口（参照p.5）。将鞋跟·鞋口第9行的♥号印记处对齐，将所有针眼卷缝（参照p.63）。

2 钩编缘编织：作品 17 从主体的鞋口挑起针眼钩编花样编织 8 行，折向外侧。作品 18 取红色毛线 2 根，从鞋口挑针钩编 2 行花样编织。

3 钩编小球（仅限 18）：用 6/0 号针钩编小球，参照收尾方法进行收尾（参照 p.6），固定在主体鞋尖的顶端。

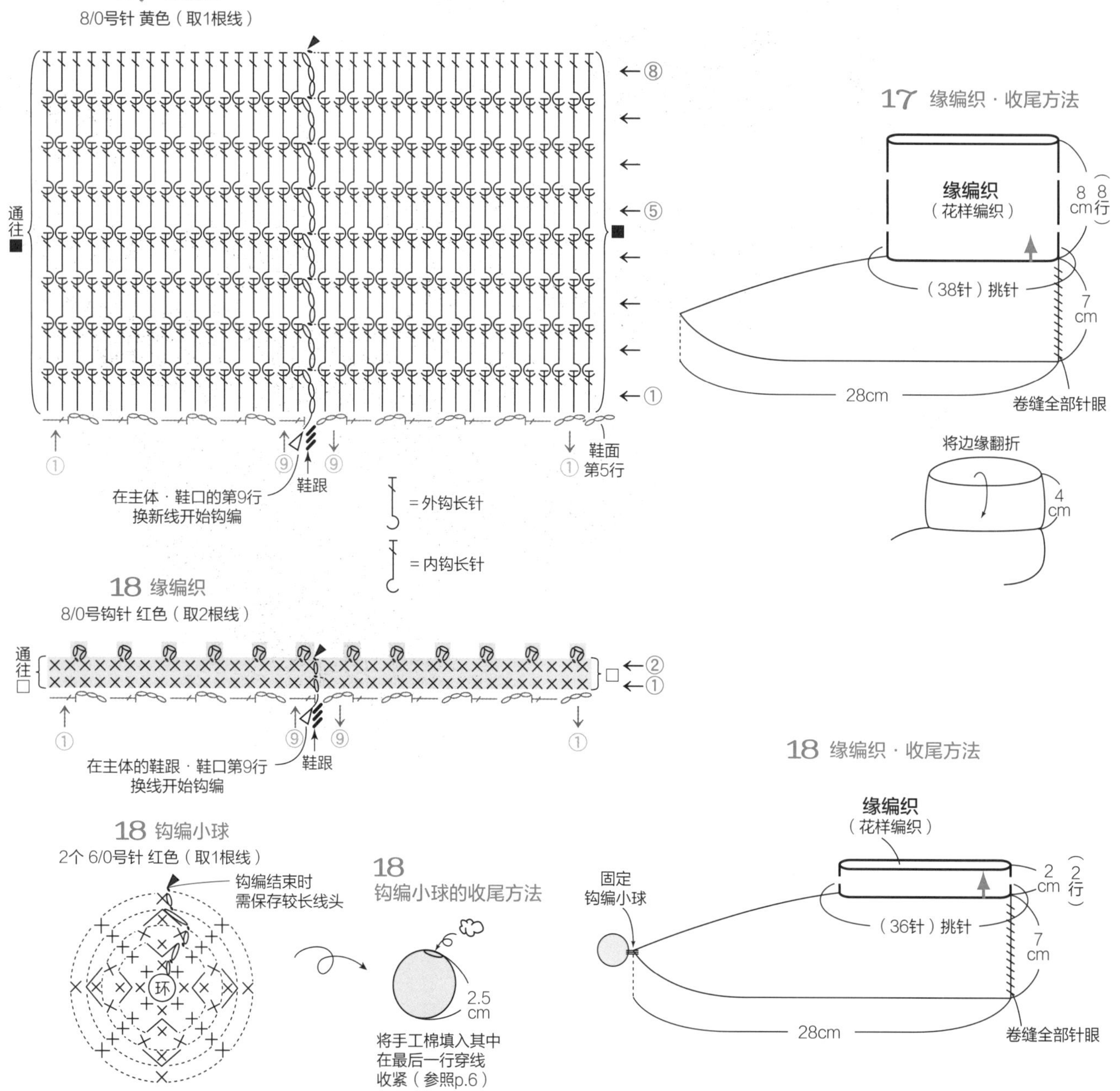

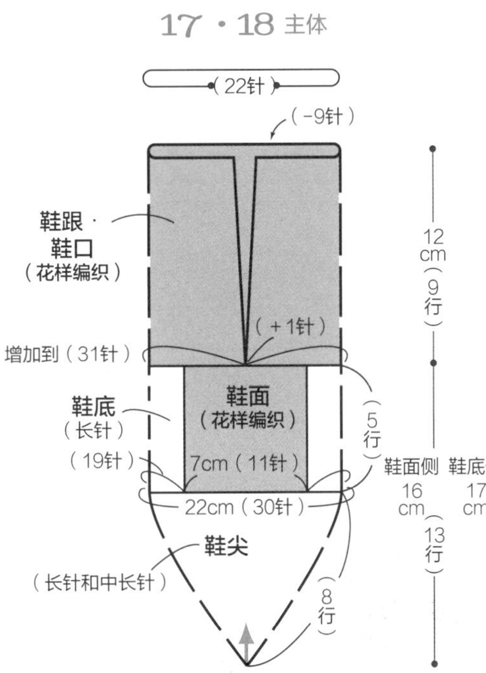

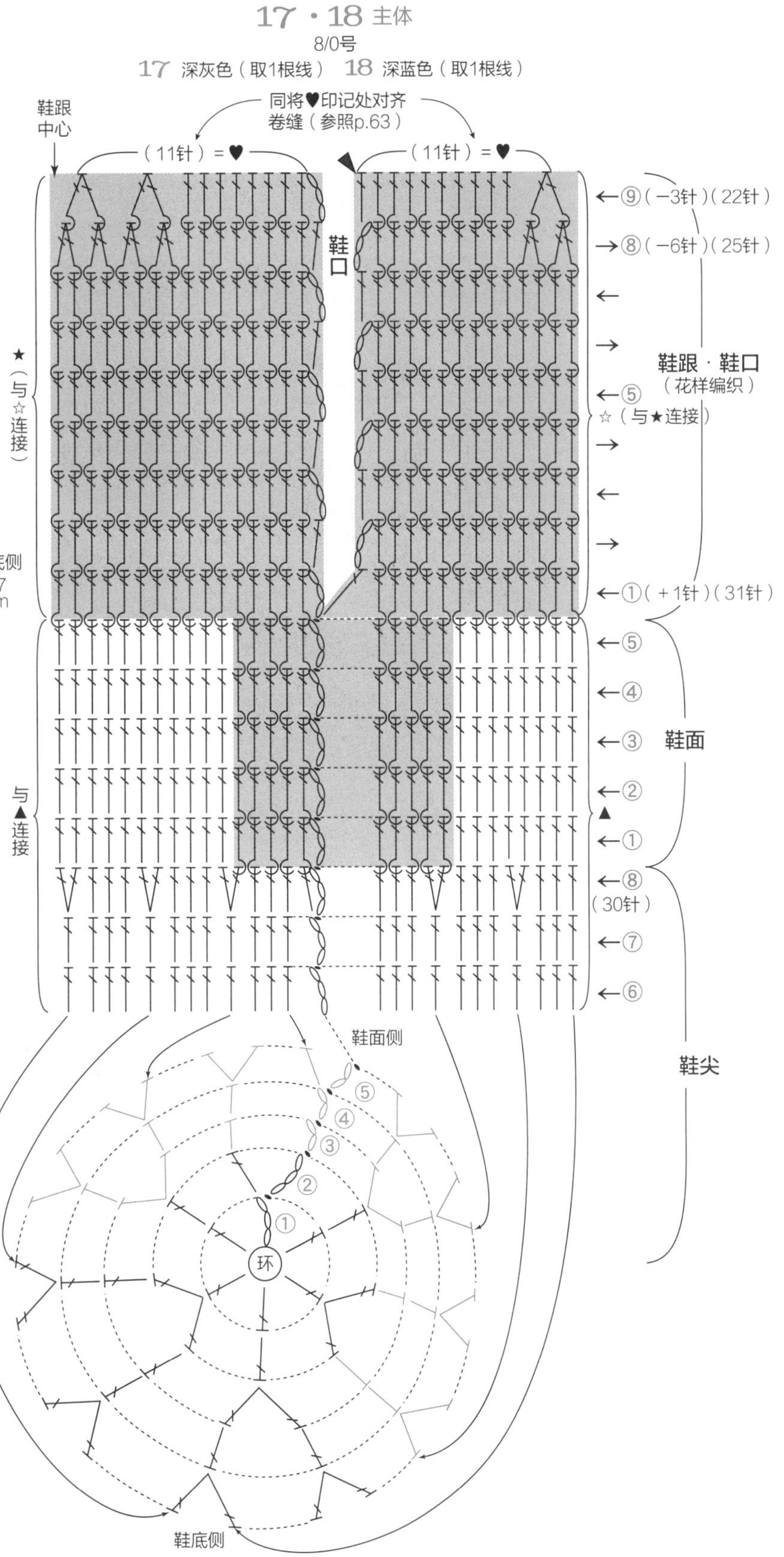

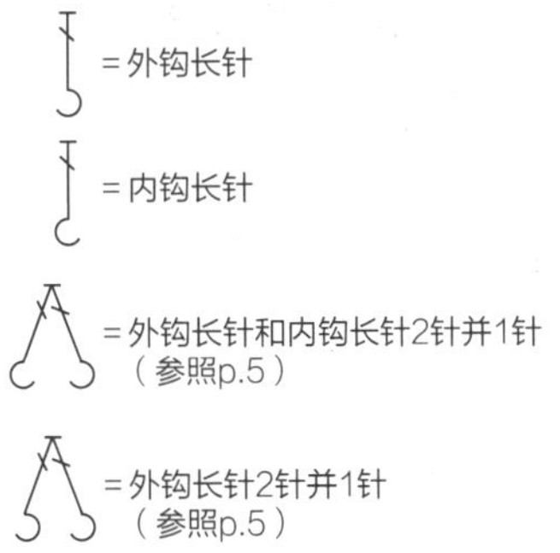

17・18 主体

17・18 主体

8/0号

17 深灰色（取1根线） 18 深蓝色（取1根线）

= 外钩长针

= 内钩长针

= 外钩长针和内钩长针2针并1针（参照p.5）

= 外钩长针2针并1针（参照p.5）

17・18 鞋尖的针数表

行数	针数	加针
8	30针	+6针
6·7	24针	无加减
5	24针	+12针
4	12针	无加减
3	12针	每行+3针
2	9针	
1	6针	

鱼鳞款式非常特别。
这是一款忍不住想让大家来看看的宝贝鞋。

鱼鳞款靴子

制作方法: p.46　重点课程: p.6,7　设计&制作: 今村曜子

靴筒护住脚腕，暖暖的。

长裤 congés payés ADIEUTRISTESSE 袜子 Tabio

19・20 鱼鳞款靴子

成品图&重点课程：19/p.44,45 20/p.44 & p.6,7

需要准备的东西

19：Olympus 奥林巴斯 Tree House 树屋 Leaves 叶子 / 茶色系混合（3）… 70g、黑·茶色系混合（11）…35g、象牙色系混合（1）…30g

免缝钩编专用鞋底（大人用）… 1副

20：Olympus 奥林巴斯 Tree House 树屋 Leaves 叶子 / 橙色系混合（4）… 95g、绿色系混合（5）… 30g、象牙色系（1）… 10g

免缝钩编专用鞋底（大人用）… 1副

＊针

19・20：钩针 6/0 号

＊成品尺寸

19・20：鞋底长 23cm·鞋深 10.5cm

钩编方法（19・20 通用的钩编方法）

1 钩编侧面：第 1 行在钩编专用鞋底的小孔（共 48 个小孔）里钩编短针（1 个小孔钩编 2 针）共 96 针（参照 p.4）。接下来，按花样 A 钩编 4 行。

2 钩编鞋面：以 15 针锁针起针，按花样 B 如图所示往返钩织 5 行，第 6 行时将鞋面与侧面正叠对齐，看着鞋面，将鞋面的第 5 行和侧面 2 个织片一起挑针，引拔缝合（参照 p.63）。

3 钩编靴筒：从鞋面和侧面挑针钩编 12 行，第 3~10 行参照 p.6,7 钩编鱼鳞花样。

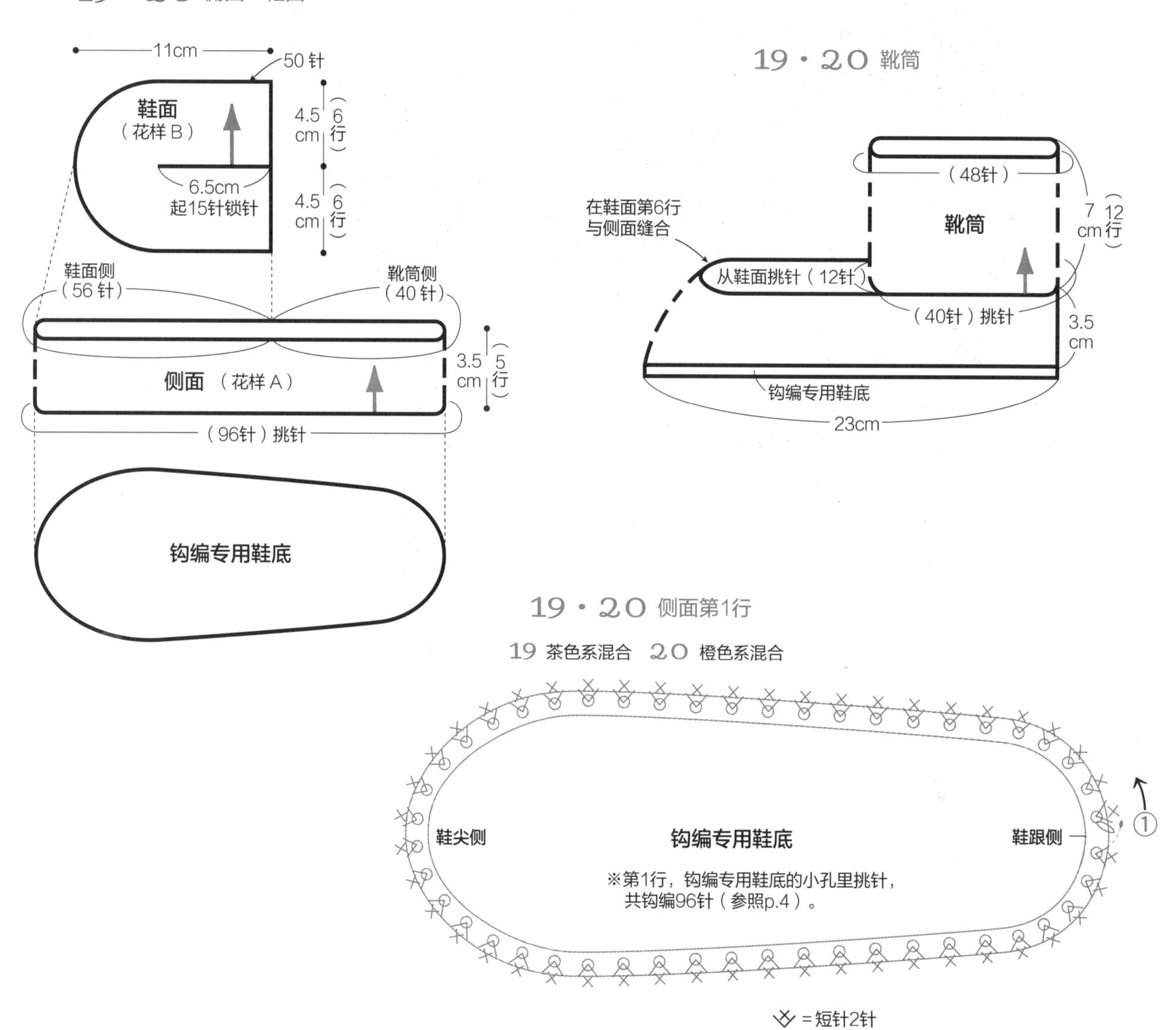

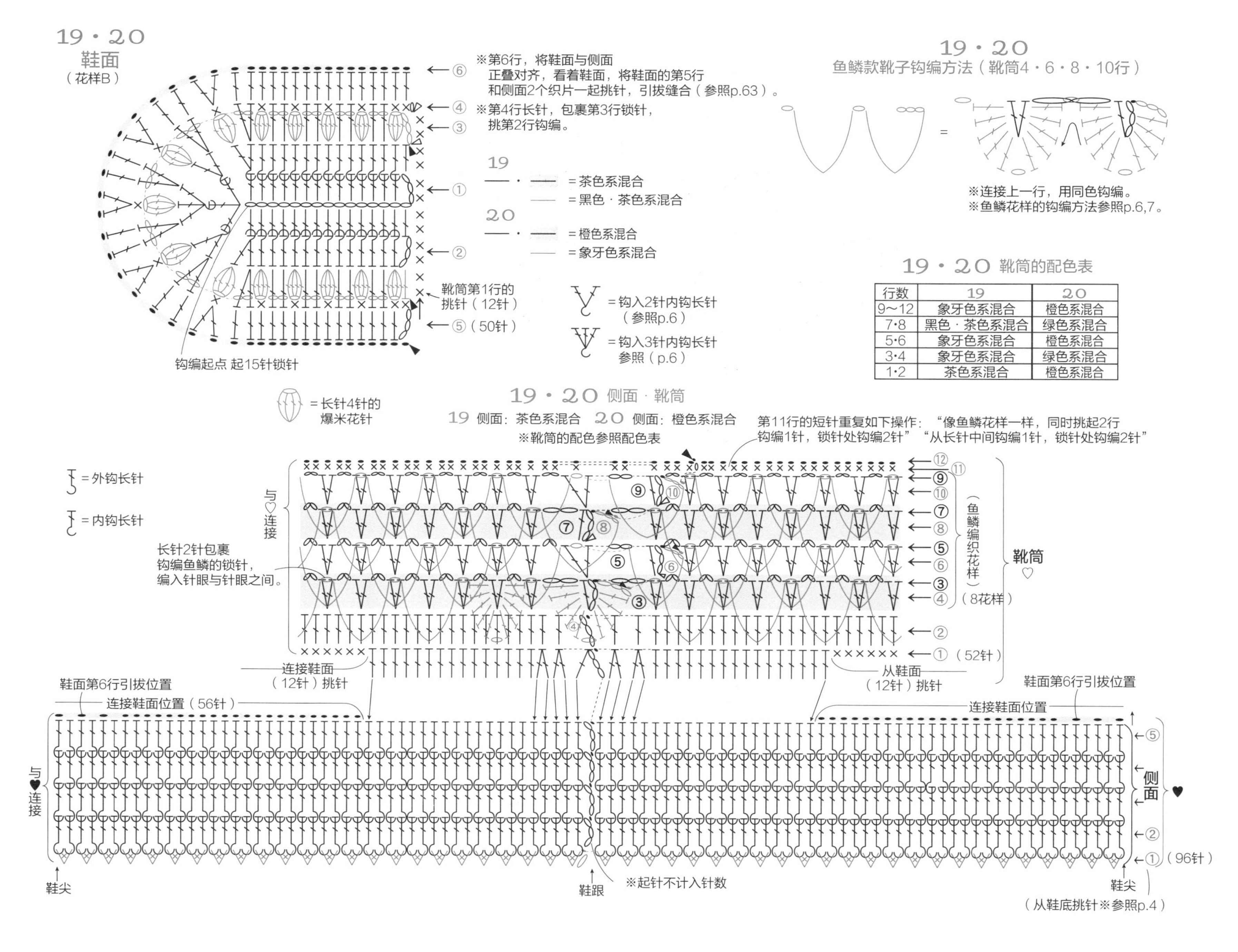

19・20 靴筒的配色表

行数	19	20
9~12	象牙色系混合	橙色系混合
7·8	黑色・茶色系混合	绿色系混合
5·6	象牙色系混合	橙色系混合
3·4	象牙色系混合	绿色系混合
1·2	茶色系混合	橙色系混合

穿上立即变身白熊和恐龙的魔法鞋。
钩编时可以想象孩子们穿上变身鞋时的可爱小模样。

白熊&恐龙儿童鞋

制作方法: p.50　重点课程: 21/p.7　设计&制作: 藤田智子

小男孩一定会喜欢的小汽车鞋。
猜猜他们最喜欢什么颜色呢？

小汽车儿童鞋

制作方法: p.58　重点课程: p.7　设计&制作: 藤田智子

21·22 白熊&恐龙儿童鞋

成品图&重点课程：p.48 & 21/p.7

需要准备的东西

21：Olympus 奥林巴斯 Tree House 树屋 Forest 森林线 / 象牙色系混合（101）… 40g、米色系混合（102）… 20g、茶色系混合（109）…5g

22：Olympus 奥林巴斯 Tree House 树屋 Berries 浆果线 / 绿色系（205）… 65g 米色系混合（202）… 10g、茶色系混合（208）…5g

＊针

21·22：钩针 5/0 号

＊成品尺寸

21：鞋底长 15cm·鞋深 8.5cm

22：鞋底长 15cm·鞋深 11cm

钩编方法（除特别指出之外，21·22钩编方法相同）

1 钩编鞋底：起18针锁针，在鞋跟和鞋尖增加针数，用花样A钩编4行。

2 钩编侧面：连接鞋底，侧面第1行用短针条纹针钩编。作品21到侧面第9行，作品22到侧面第12行，均用长针钩编，接下来分别钩编1行缘编织。

3 钩编背鳍（仅限22）：起23针锁针，参照“背鳍的钩编方法”钩编2行。

4 钩编脚趾：起4针锁针，钩编1行。作品21钩编8片，作品22钩编6片。

5 收尾方法：参照收尾方法，作品21将脚趾，作品22将脚趾和背鳍分别固定在主体上。※有防滑需要时，建议购买防滑剂涂在鞋底。

21 鞋底·侧面的针数表

	行数	针数	加减针
侧面	7~9	40针	无加减
	6	40针	−4针
	5	44针	−10针
	4	54针	−12针
	3	66针	−10针
	2	76针	无加减
	1	76针	
鞋底	4	76针	+10针
	3	66针	+12针
	2	54针	+12针
	1	42针	
	起头	18针	

22 鞋底·侧面的针数表

	行数	针数	加减针
侧面	7~12	40针	无加减
	6	40针	−4针
	5	44针	−10针
	4	54针	−12针
	3	66针	−10针
	2	76针	无加减
	1	76针	
鞋底	4	76针	+10针
	3	66针	+12针
	2	54针	+12针
	1	42针	
	起头	18针	

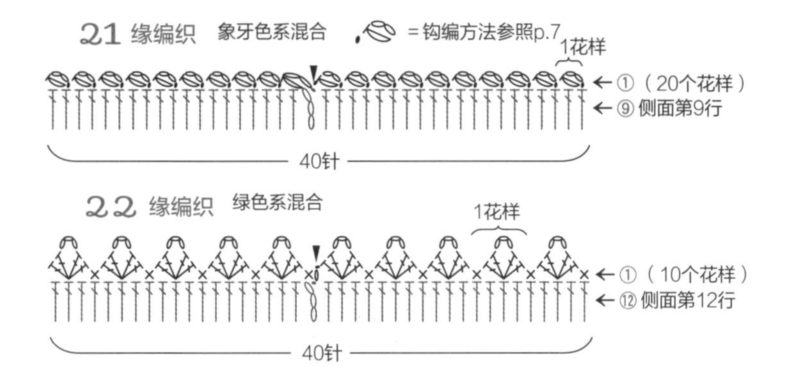

21·22 主体

21 ▬ =米色系混合 — =象牙色系混合

22 ▬ ·— =绿色系混合 ◉=22固定背鳍的位置

※作品22钩编到侧面第12行接下来钩编缘编织。

※作品21钩编到侧面第9行，接下来钩编缘编织。

与♥连接

♥ 侧面

（短针条纹针76针）

鞋底（花样A）

鞋尖

鞋跟

钩编起点 起18针锁针

76针

×（侧面第1行）=短针条纹针

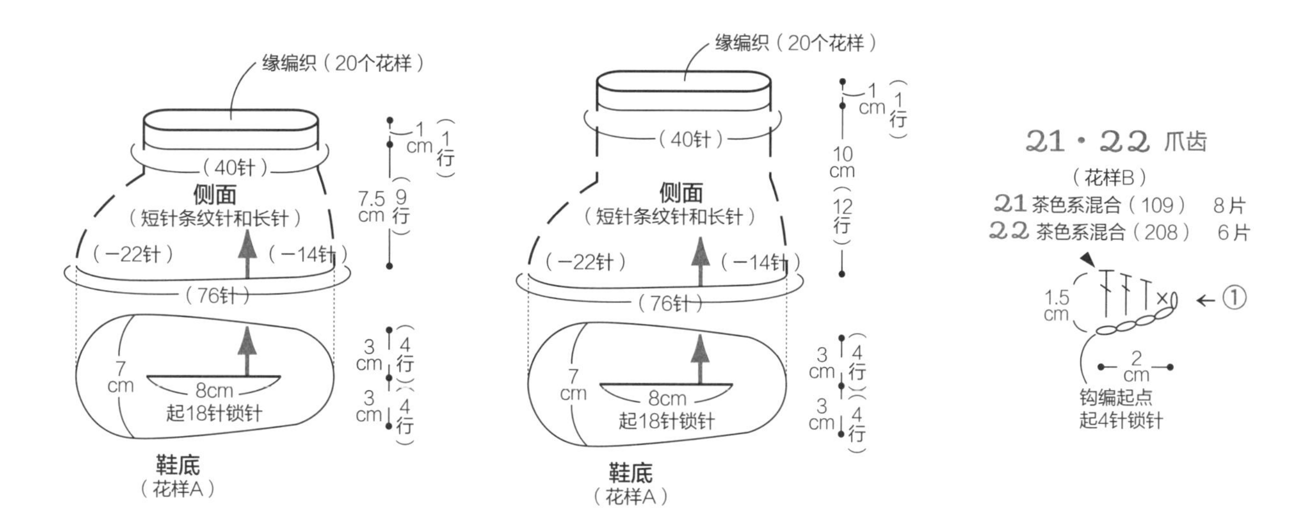

21 主体
缘编织（20个花样）
（40针）
侧面
（短针条纹针和长针）
（−22针）
（−14针）
（76针）
1 cm 1行
7.5 cm 9行
7 cm
8cm
起18针锁针
3 cm 4行
3 cm 4行
鞋底
（花样A）
22 主体
缘编织（20个花样）
（40针）
侧面
（短针条纹针和长针）
（−22针）
（−14针）
（76针）
1 cm 1行
10 cm 12行
7 cm
8cm
起18针锁针
3 cm 4行
3 cm 4行
鞋底
（花样A）
21・22 爪齿
（花样B）
21 茶色系混合（109） 8片
22 茶色系混合（208） 6片
1.5 cm
2 cm
钩编起点
起4针锁针

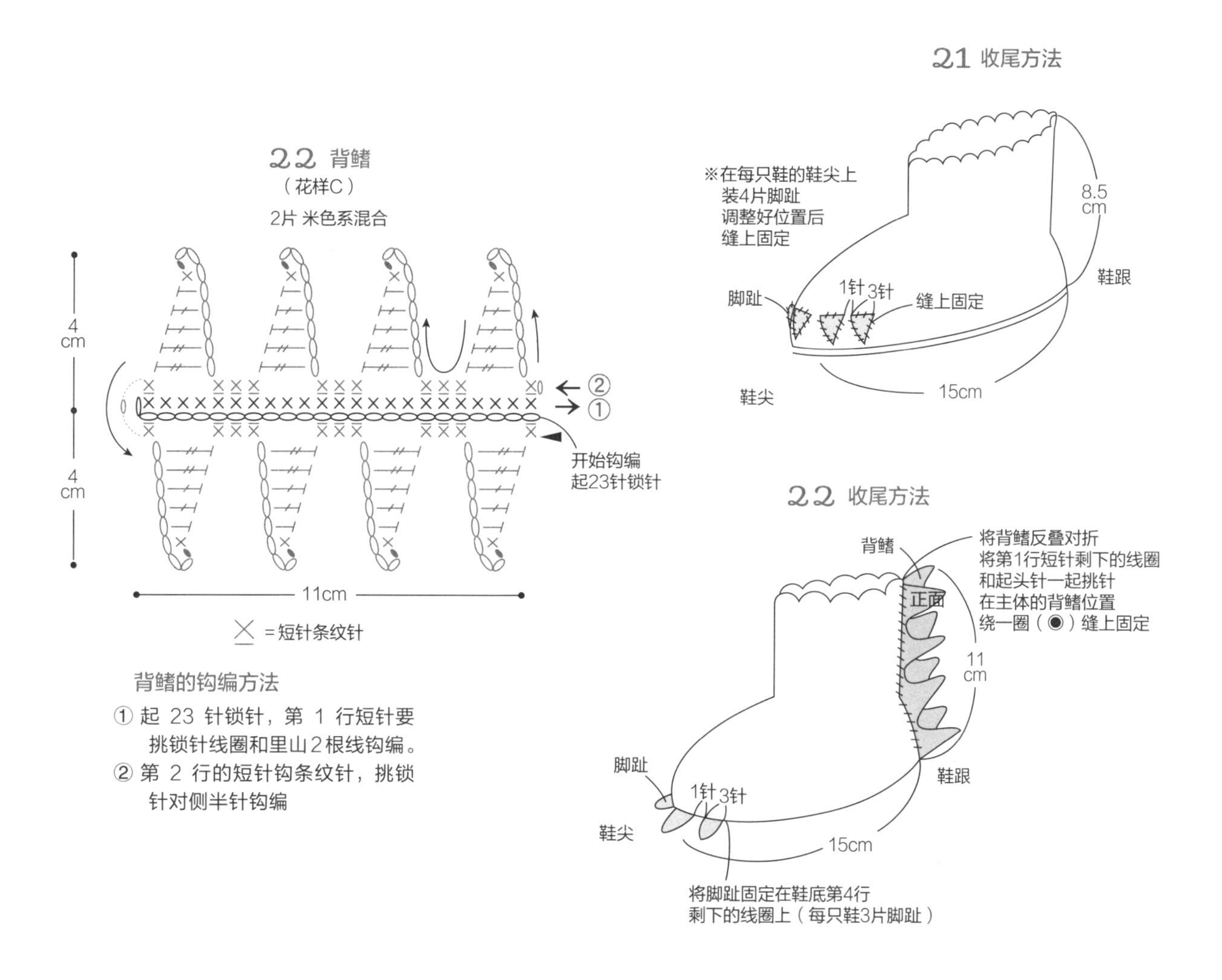

21 收尾方法
※在每只鞋的鞋尖上
装4片脚趾
调整好位置后
缝上固定
8.5 cm
鞋跟
脚趾
1针 3针
缝上固定
鞋尖
15cm
22 背鳍
（花样C）
2片 米色系混合
4 cm
4 cm
开始钩编
起23针锁针
11cm
= 短针条纹针
背鳍的钩编方法
① 起 23 针锁针，第 1 行短针要挑锁针线圈和里山 2 根线钩编。
② 第 2 行的短针钩条纹针，挑锁针对侧半针钩编
22 收尾方法
背鳍
将背鳍反叠对折
将第1行短针剩下的线圈
和起头针一起挑针
在主体的背鳍位置
绕一圈（◉）缝上固定
正面
11 cm
鞋跟
脚趾
1针 3针
鞋尖
15cm
将脚趾固定在鞋底第4行
剩下的线圈上（每只鞋3片脚趾）

表情呆萌的小鸭子和白天鹅。
亦是馈赠佳品。

小鸭子&白天鹅儿童鞋

制作方法: p.54 设计&制作: 藤田智子

张开小翅膀，曲项向天歌的小模样可爱极了。

25・26 小鸭子&白天鹅儿童鞋

Photo :25/p.52 26/p.53

需要准备的东西

25：DARUMA 达磨手编线 Soft Lamb 柔软羔羊线 / 柠檬黄（4）…30 克、橙 色（26）… 15 克 Hamanaka 滨中 钩编玩偶 EYE/ 硬质 黑 眼 睛 3mm（H221-303-1）…4 个

手工棉…适量　黏合剂…少量

26：DARUMA 达磨手编线 Soft Lamb 柔软羔羊线 / 象牙色（2）… 50g、柠 檬 黄 色（4）· 黑 色（15）…各少量 Hamanaka 滨中 钩编玩偶 EYE/ 硬质黑眼睛 3mm（H221-303-1）…4 个

手工棉…适量　黏合剂…少量

手工用硬质线丝（23cm）…2 根

＊针

25・26：钩针 5/0 号

＊成品尺寸

25・26：鞋底长 15cm·鞋深 5cm

钩编方法（除特别指出之外，25・26 钩编方法相同）

1 钩编主体：钩编鞋底。起 18 针锁针，在鞋跟和鞋尖增加针数钩编 4 行。接下来钩编侧面。侧面第 1 行钩短针条纹针，第 2~6 行在鞋跟和鞋尖一边减针一边钩编长针。

2 钩编缘编织：连接主体，在鞋口周围钩编花样 A（参照 p.7）。仅限作品 25，挑鞋底第 4 行剩下的近手侧线圈，一边将之固定在主体上一边钩编花样 B。

3 钩编各部分：作品 25，钩编面部和喙部，各自收尾。作品 26，钩编面部·脖子、翅膀、喙部，如图所示收尾喙部。

4 面部收尾：作品 25 收尾参照“面部的收尾方法”，作品 26 收尾参照“面部·颈部的收尾方法”。

5 收尾：各自参照“收尾方法”，将各部分固定在主体上收尾。※有防滑需求时，建议购买防滑剂涂在鞋底上。

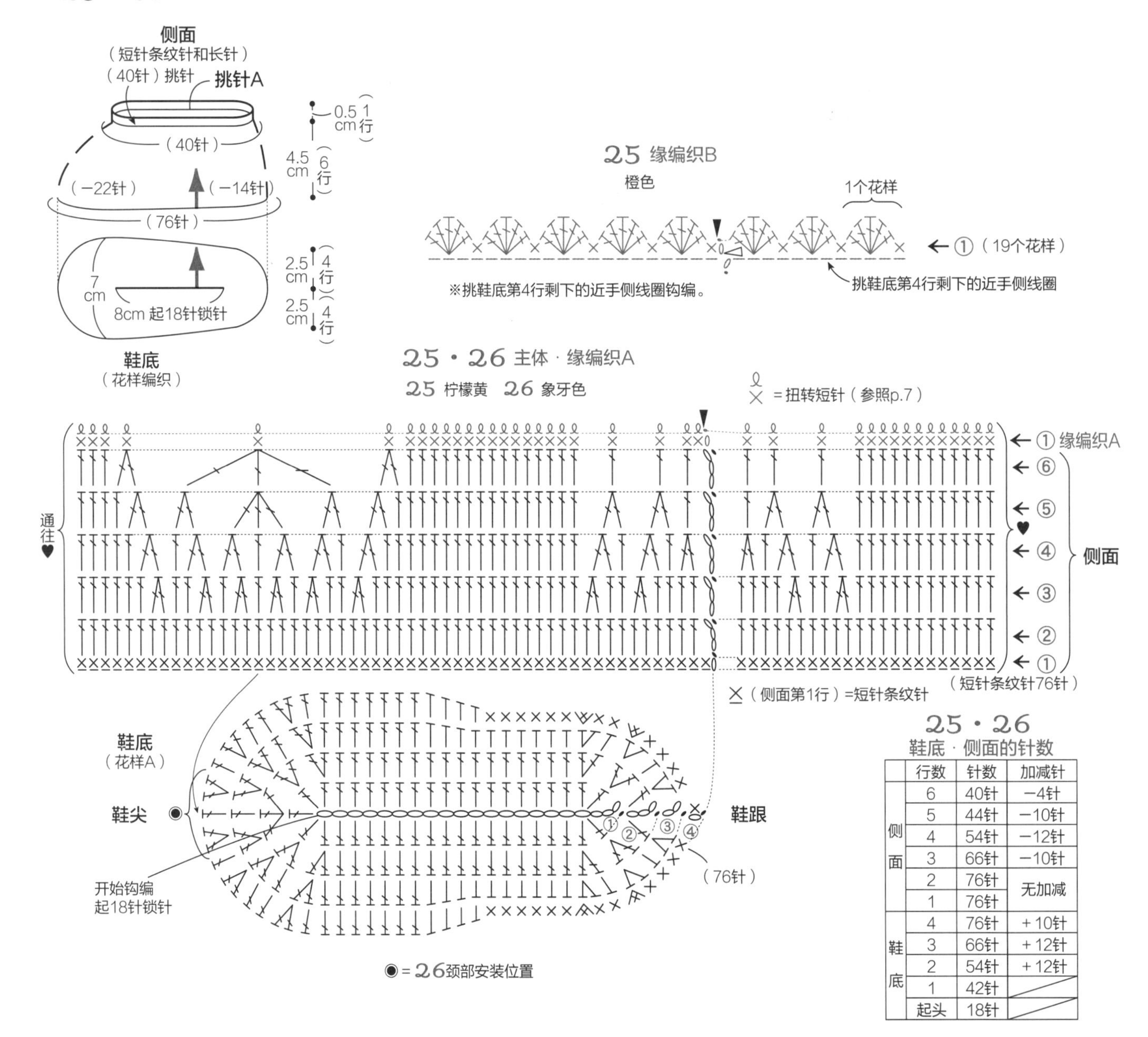

	行数	针数	加减针
侧面	6	40针	−4针
	5	44针	−10针
	4	54针	−12针
	3	66针	−10针
	2	76针	无加减
	1	76针	
鞋底	4	76针	＋10针
	3	66针	＋12针
	2	54针	＋12针
	1	42针	
	起头	18针	

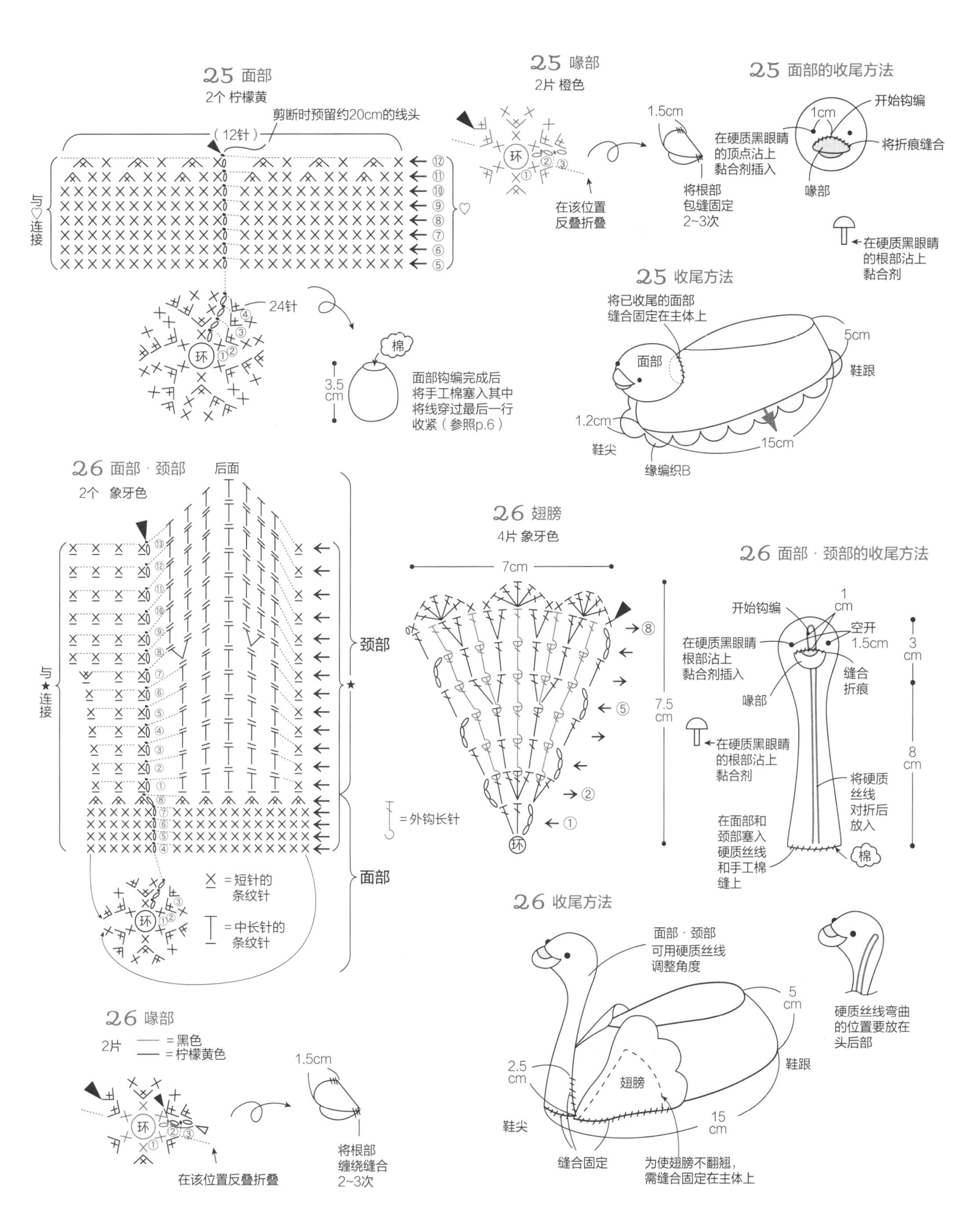
25 面部
2个 柠檬黄
剪断时预留约20cm的线头
(12针)
与♡连接
24针
棉
3.5 cm
面部钩编完成后
将手工棉塞入其中
将线穿过最后一行
收紧（参照p.6）
25 喙部
2片 橙色
环
在该位置
反叠折叠
1.5cm
将根部
包缝固定
2~3次
25 面部的收尾方法
1cm
开始钩编
在硬质黑眼睛
的顶点沾上
黏合剂插入
将折痕缝合
喙部
在硬质黑眼睛
的根部沾上
黏合剂
25 收尾方法
将已收尾的面部
缝合固定在主体上
面部
5cm
鞋跟
1.2cm
鞋尖
15cm
缘编织B
26 面部・颈部
2个 象牙色
后面
与★连接
颈部
面部
= 短针的
条纹针
= 中长针的
条纹针
= 外钩长针
26 翅膀
4片 象牙色
7cm
7.5 cm
环
26 面部・颈部的收尾方法
开始钩编
1 cm
空开
1.5cm
3 cm
在硬质黑眼睛
根部沾上
黏合剂插入
缝合
折痕
喙部
在硬质黑眼睛
的根部沾上
黏合剂
8 cm
将硬质
丝线
对折后
放入
在面部和
颈部塞入
硬质丝线
和手工棉
缝上
棉
26 收尾方法
面部・颈部
可用硬质丝线
调整角度
5 cm
硬质丝线弯曲
的位置要放在
头后部
2.5 cm
翅膀
鞋跟
鞋尖
15 cm
缝合固定
为使翅膀不翻翘，
需缝合固定在主体上
26 喙部
2片
= 黑色
= 柠檬黄色
1.5cm
在该位置反叠折叠
将根部
缠绕缝合
2~3次

本书中使用的线材介绍

※图与实物等大

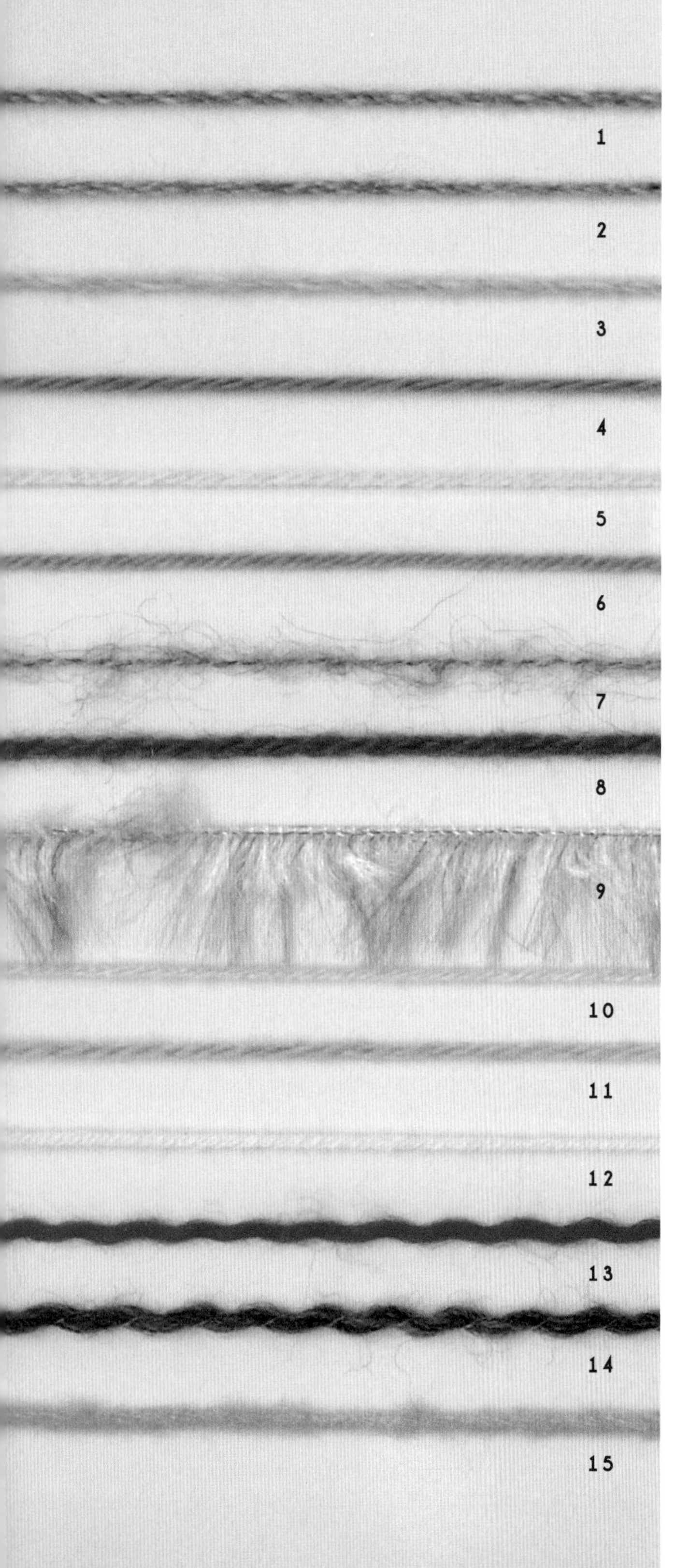

【Olympus奥林巴斯制线公司（株）】

1 Tree House树屋 Forest森林
羊毛（美利奴羊毛）70%•羊驼（精细羊驼）30% 40g线团
约90m 12色 钩针6/0-7/0号

2 Tree House树屋 Berries浆果
羊毛40%•丙纶27%•羊驼（羊驼绒）10%•人造丝3%
40g线团 约90m 10色钩针6/0-7/0号

3 Tree House树屋 Leaves叶子
羊毛（美利奴羊毛）80%•羊驼（羔羊驼）20% 40g线团
约72m 12色 钩针7/0-8/0号

【Hamanaka滨中（株）】

4 Exceed Wool 超级羊毛《普通粗细》
羊毛100%（使用高级精细美利奴） 40g线团
约80m 44色 钩针5/0号

5 淘气丹尼斯
丙纶70%•羊毛30%（使用经防缩处理羊毛） 50g线团
约120m 31色 钩针5/0号

6 Amerry 阿梅丽
羊毛70%（新西兰美利奴）•丙纶30% 40g线团
约110m 30色 钩针5/0-6/0号

7 Sonomono Hairy 本色毛绒
羊驼75%•羊毛25% 25g线团 约125m 5色 钩针6/0号

8 Men's club MASTER 男子俱乐部老板
羊毛60%（使用经防缩处理羊毛）•丙纶40% 50g线团
约75m 32色 钩针10/0号

9 Lupo 露波
人造丝65%•聚酯纤维35% 40g线团 约38m 12色
钩针10/0号

【横田（株）•DARUMA达磨手编线】

10 Soft Lamb 柔软羔羊
丙纶60%•羊毛（羔羊毛）40% 30g 103m 31色
钩针5/0-6/0号

11 美利奴风尚 普通粗细
羊毛（美利奴）100% 40g 88m 14色 钩针6/0-7/0号

12 空气感羊毛羊驼线
羊毛（美利奴）80%•羊驼（皇家羔羊驼）20% 30g
100m 9色 钩针6/0-7/0号

13 接近本色的美利奴羊毛
羊毛（美利奴）100% 30g 91m 18色 钩针7/0-7.5/0

14 朋朋羊毛
羊毛99%•聚酯纤维1% 30g 42m 7色 钩针8/0-9/0号

15 手纺风格塔姆线
丙纶54%•尼龙31%•羊毛15% 30g 58m 14色
钩针8/0-9/0号

※ 1~15从左至右依次表示：品质→长度→花色数量→适合的钩针。
※ 花色数量均以2015年11月为准。
※ 由于是印刷品，颜色有时可能略有差异。
※ 有关毛线的咨询详见p.3。

※ p.22,23「7・8提花图案鞋」8的编织图解

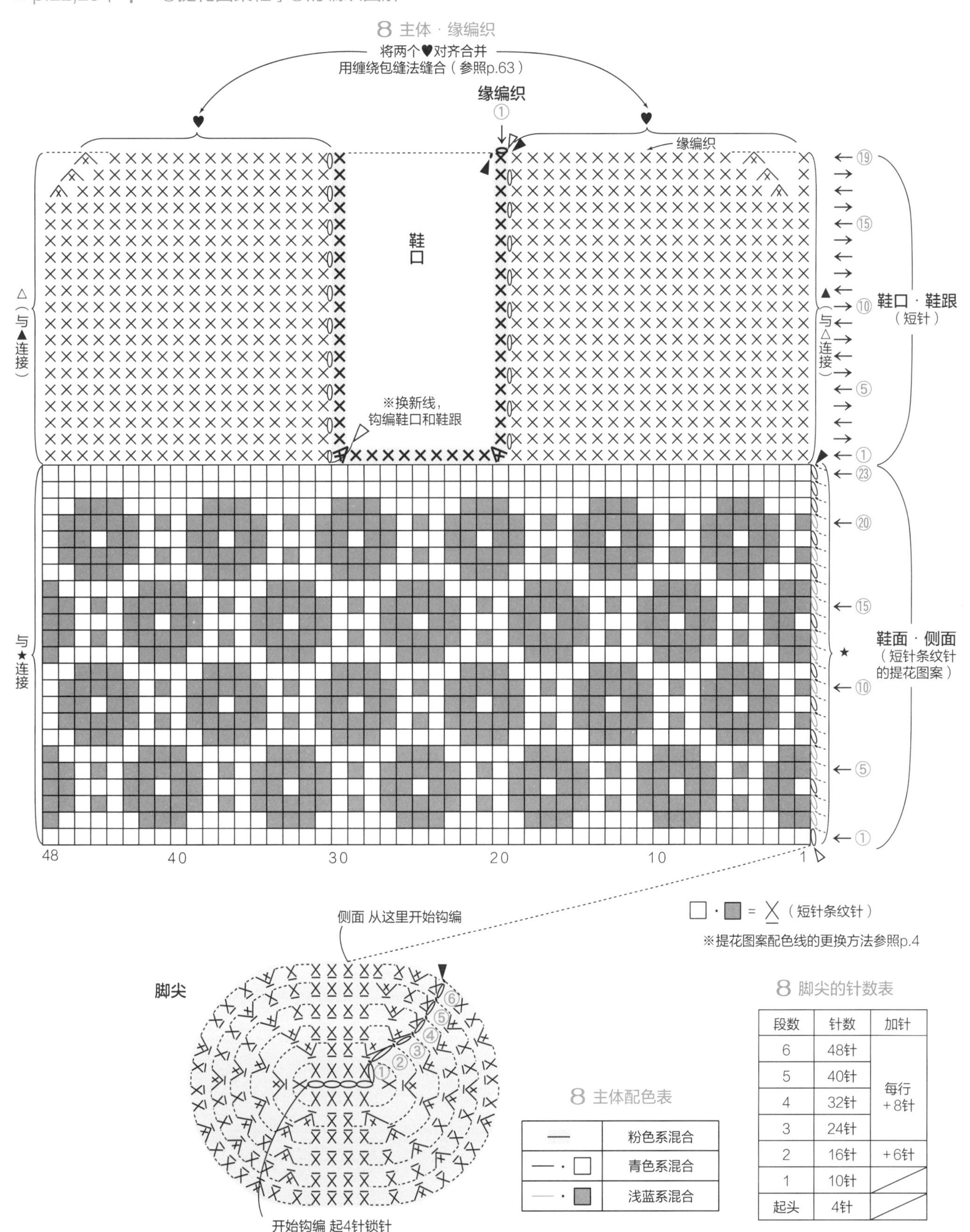

8 主体配色表

—	粉色系混合
—・□	青色系混合
—・■	浅蓝系混合

8 脚尖的针数表

段数	针数	加针
6	48针	每行+8针
5	40针	
4	32针	
3	24针	
2	16针	+6针
1	10针	
起头	4针	

23・24 小汽车儿童鞋

成品图&重点课程：p.49 & p.7

需要准备的东西

23：Hamanaka 滨 中 Exceed Wool 超级羊毛 L 普通粗细 / 茶色（305）… 35g、红 色（335）… 25g、灰色（327）… 15g、米色（302）· 浅蓝色（322）…各 10g

24：Hamanaka 滨中 Exceed Wool 超级羊毛 L 普通粗细 / 茶色（305）…35g、黄绿色（345）… 25g、灰色（327）…15g、米色（302）· 浅蓝色（322）…各 10g

＊针

23・24：钩针 5/0 号

＊成品尺寸

23・24：鞋底长 15cm·鞋深 5cm

钩编方法（23・24 共通的钩编方法）

1 钩编鞋底：起 18 针锁针，在鞋跟和鞋尖加针钩编 4 行。

2 钩编侧面：连接鞋底，第 1 行短针条纹针，2~5 行用长针钩编，第 5 行中央的 11 针用条纹针钩编（挑起挡风玻璃的针眼）。

3 钩编缘编织：承接侧面第 5 行，走扭转短针 1 行钩编缘编织（参照 p.7）。

4 钩编各部分：轮胎 · 车灯做环形起针，如图钩编。车牌起 8 针锁针，钩编 2 行后，在外侧用茶色线直线绣法（参照 p.64）刺绣。挡风玻璃，挑起侧面第 4 行剩下的近手侧线圈钩编第 1 行，注意配色往返钩织 4 行。

5 收尾：参照“收尾方法”，将各个部分固定在主体上。

※有防滑需求时，建议购买防滑剂涂在鞋底上。

23・24
主体 · 缘编织

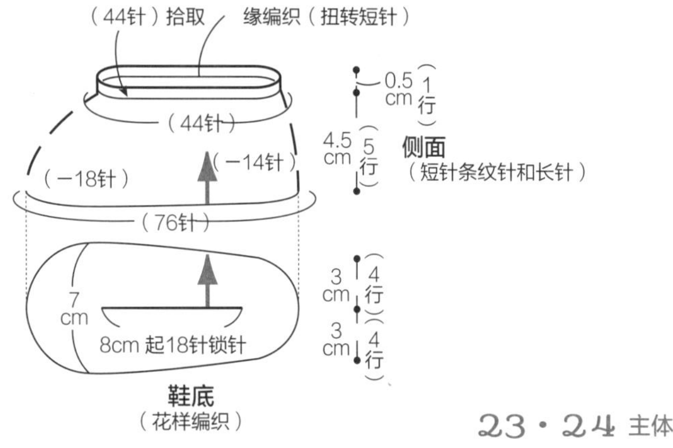

23・24 主体

23 — =茶色 ━ =灰色 — =红色

24 — =茶色 ━ =灰色 — =黄绿色

=长针条纹针2针并1针

=长针条纹针3针并1针

※这11针用条纹针钩编（为挑起挡风玻璃的针眼）

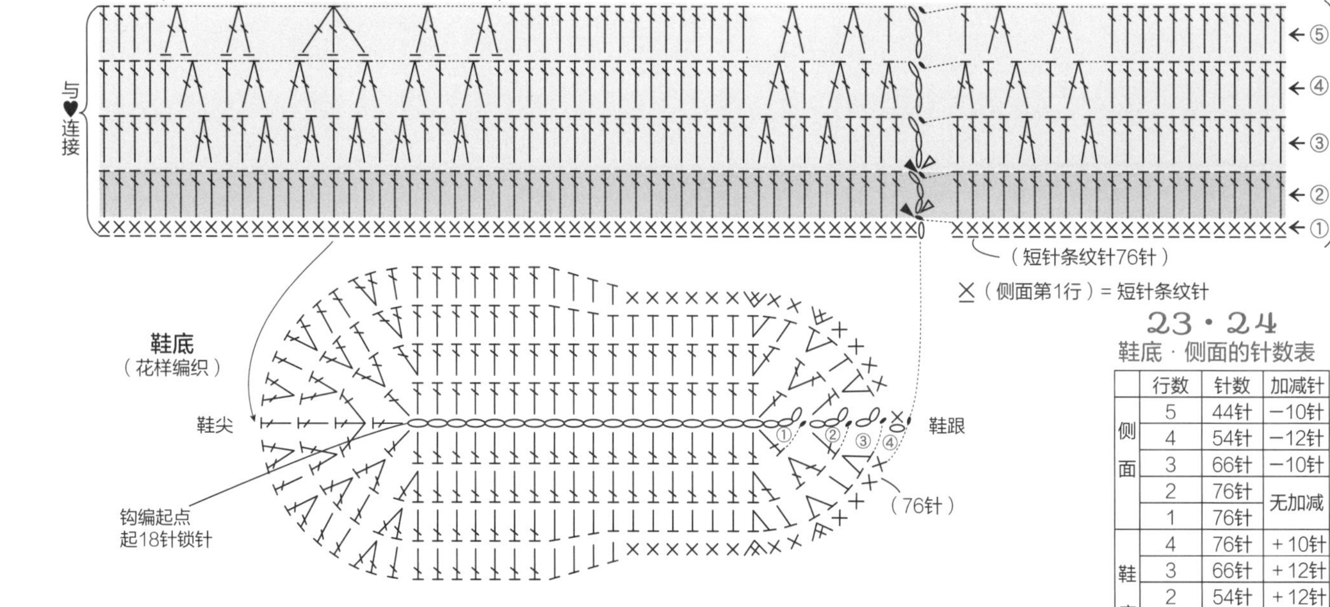

23・24
鞋底 · 侧面的针数表

	行数	针数	加减针
侧面	5	44针	−10针
	4	54针	−12针
	3	66针	−10针
	2	76针	无加减
	1	76针	
鞋底	4	76针	＋10针
	3	66针	＋12针
	2	54针	＋12针
	1	42针	
	起头	18针	

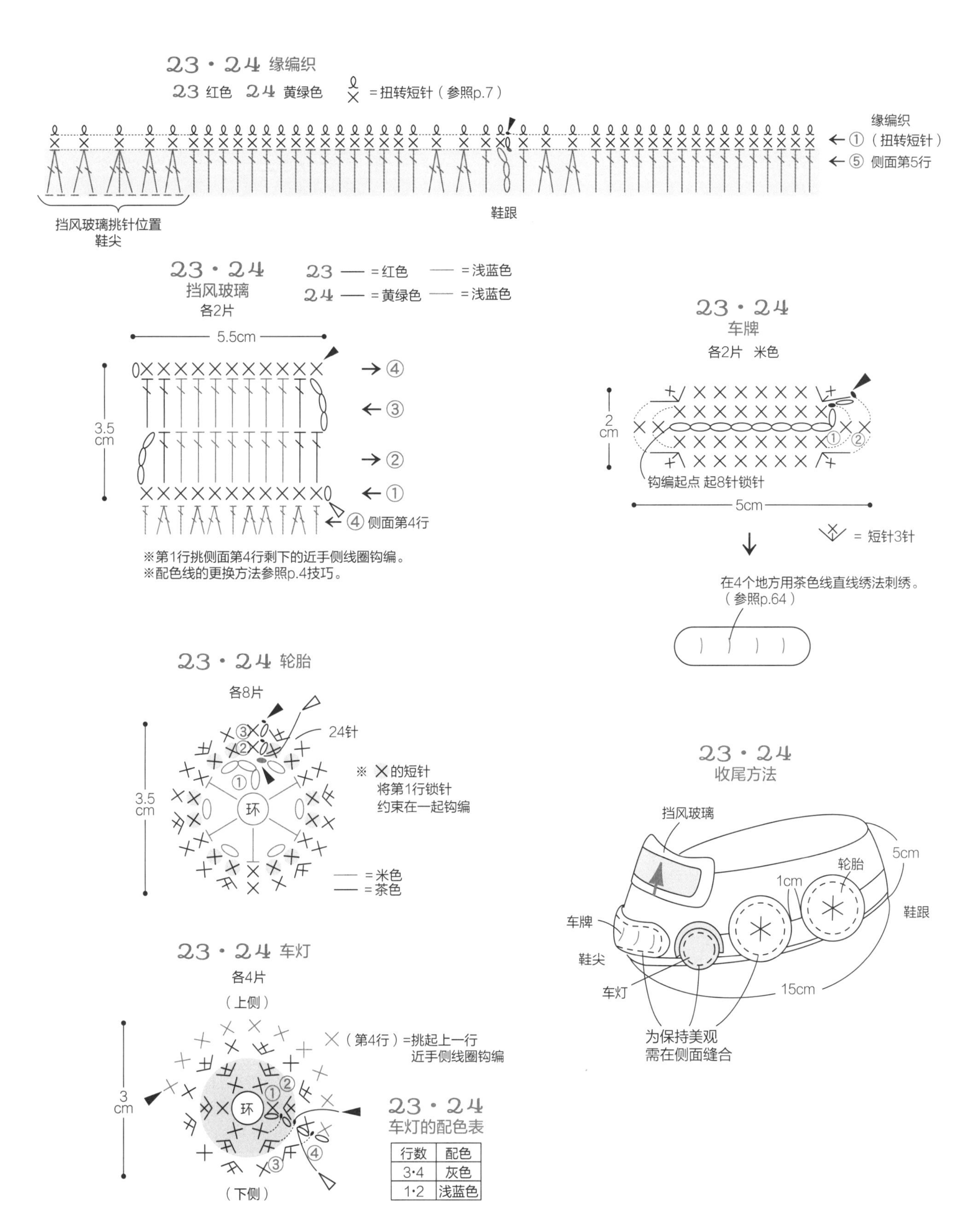

行数	配色
3·4	灰色
1·2	浅蓝色

钩针编织基础

编织符号图的看法

日本工业规格（JIS）规定，编织符号图所示均为从正面观察所见。
钩针编织的正针和反针没有区别（内钩针和外钩针除外），
即便是正面和反面交互翻面编织的平针的编织符号图也都相同。

表示行数
立起的针
▼= 剪断线
……=编织符号图有间断时，用虚线提示接下来要钩编的编织符号图。

环形起针

在中心做线环（或锁针），逐行环形钩编。在各行起点处起针钩编。编织符号图所示基本上都是作品的正面，需从右到左看图钩编。

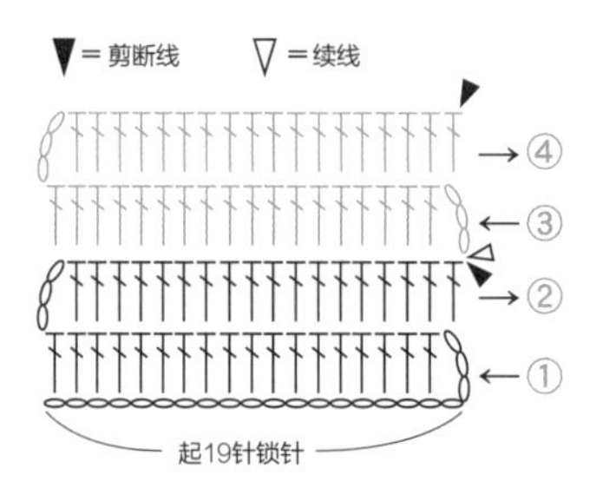

平针

特征是左右都有起立针。右侧起头时看正面，按图例图从右到左钩编。左侧起头时看反面，按图例图从左到右钩编。图中第3行替换为配色线。

线和针的拿法

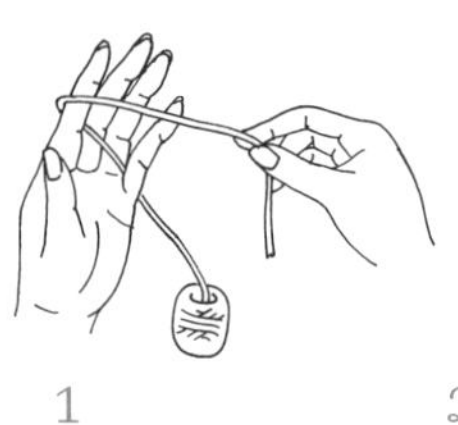
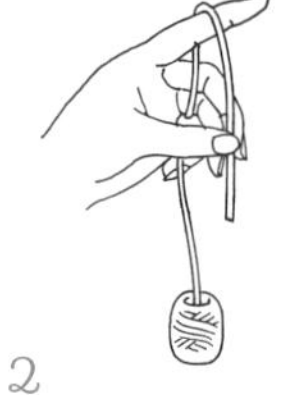
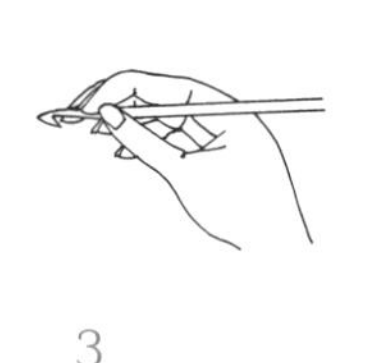

1 将线从左手小指和无名指间朝手掌方向穿过，然后将线绕食指后，再向手掌方向拉出线头。

2 用拇指和中指捏住线头，翘起食指将线绷紧。

3 用拇指和食指夹住钩针，中指轻轻扶住针头。

锁针起针

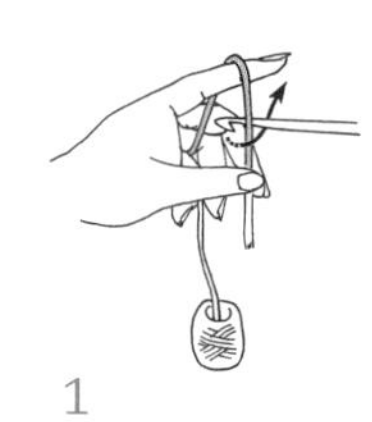
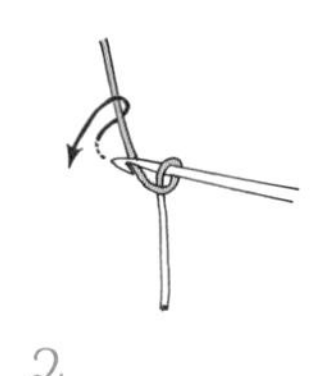
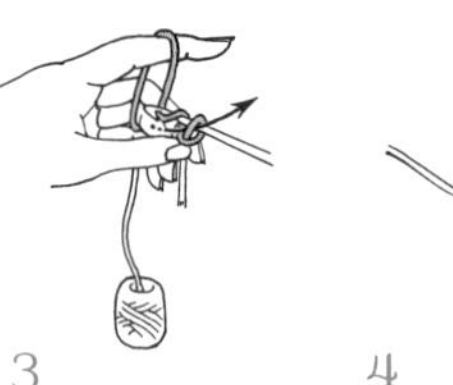

1 将钩针从内侧搭在线上，沿箭头方向旋转针尖。

2 进一步用针尖钩住线。

3 使线穿过线圈，朝自己的方向拉出。

4 拉住线头打结，起针即完成了（这一针不算作第1针）。

起针

环形起针
（用线头作环）

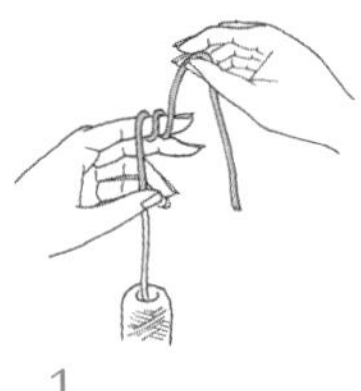
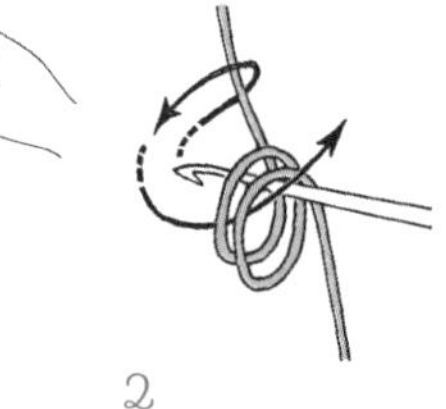
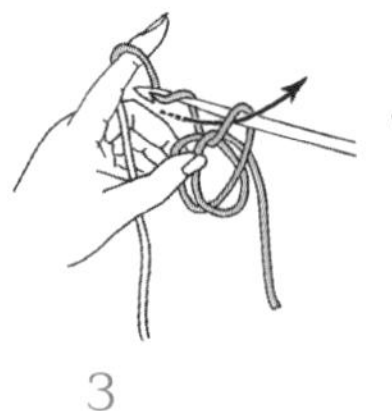
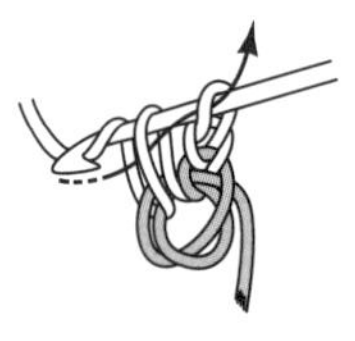
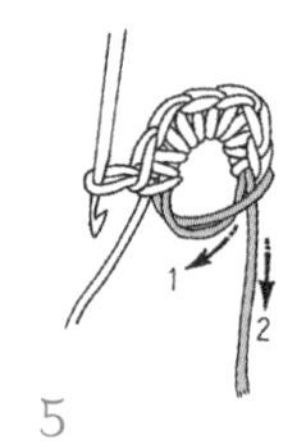
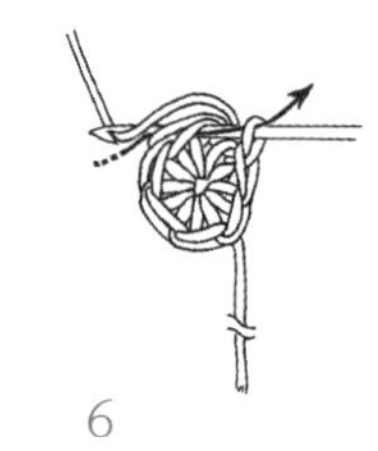

1 将线在左手食指上缠绕两圈做环。

2 将线环从食指上取下，把钩针穿入环中，并如箭头所示钩住线后，朝自己的方向拉出。

3 进一步用针尖钩住线并拉出，钩起立针。

4 第1行在线环内穿针，钩编所需数目的短针。

5 拔出钩针，拉住最初的环线（1）和线头，将线圈收紧（2）。

6 第一行结束时，将针穿入最初的短针的头针处，钩住线并拉出。

环形起针
（用锁针做环）

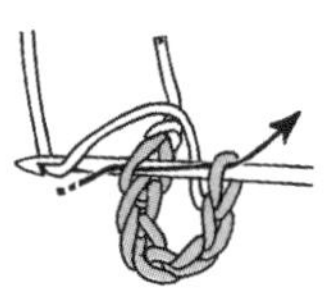
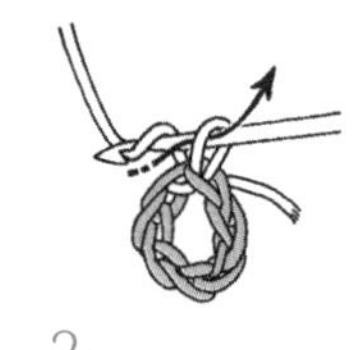
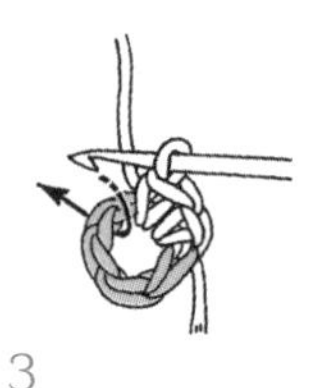
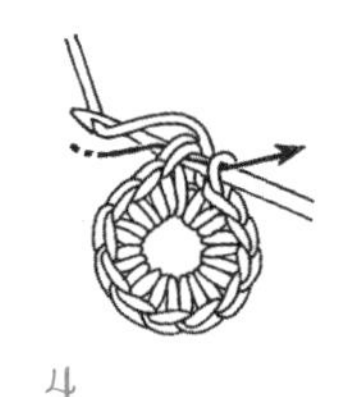

1 钩编所需针数的锁针后，将钩针穿入开始的锁针半针处拉出。

2 用针尖钩住线并拉出。这就是起立针。

3 第1行需将钩针穿入环内，将锁针包裹住，钩编必要针数的短针。

4 第1行结束时，将针穿入最初的锁针的头部，搭线拉出。

平针

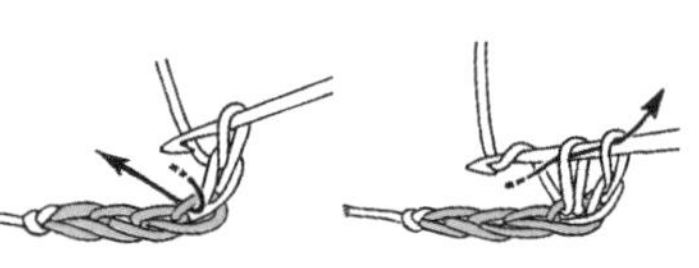
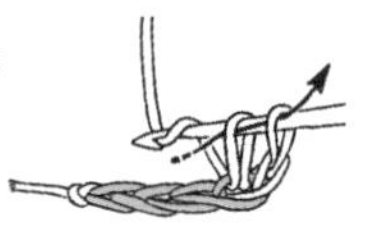
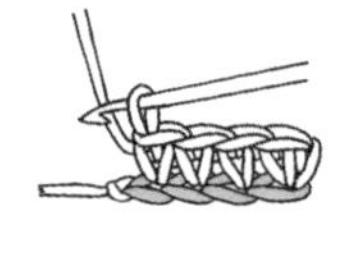

1 钩编必要针数的锁针和起立针，将针穿入线端起第2针，挂线拉出。

2 针尖挂线，如箭头所示将线拉出。

3 第1行已钩编完成（起立针第1针不计数）。

锁针的表示方法

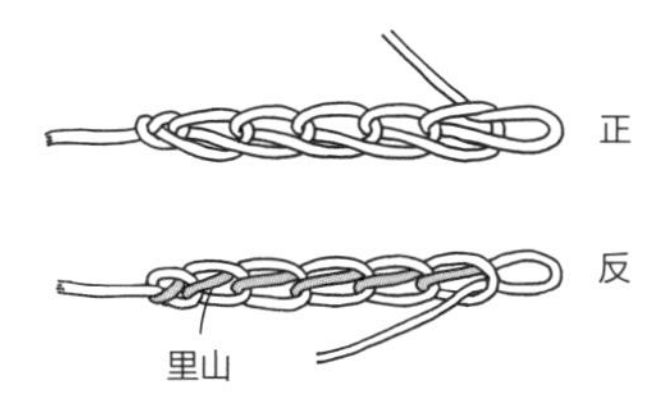

锁针有正反之分。
锁针反面里侧中央突出的1根线被称为“里山”。

在上行针圈挑针的方法

钩编进第1针

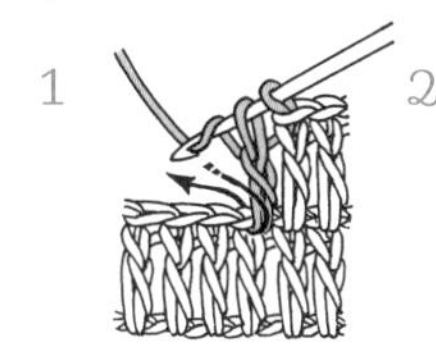
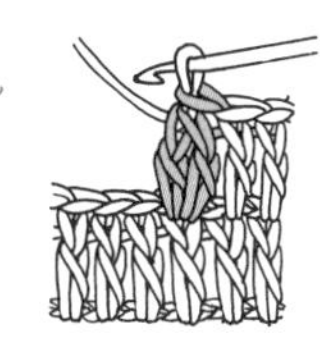

将锁针成束挑起后钩织

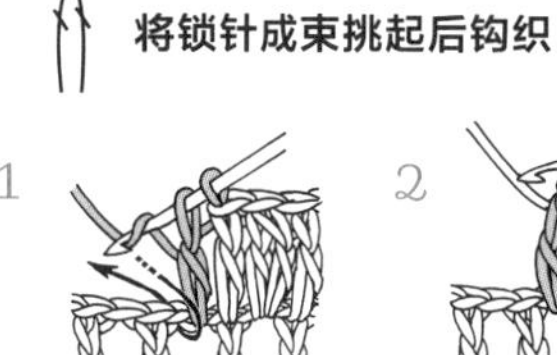
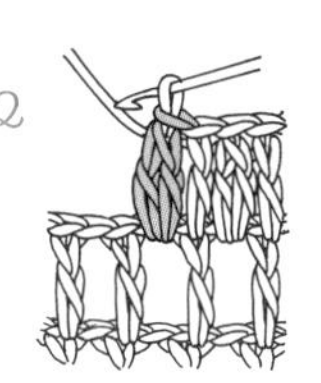

即便同为枣形针，如编织符号图所示挑法不尽相同。当编织符号图下方闭合时，需插入上一行的第1针内钩编；当编织符号图下方开口时需将上一行的针成束挑起后再钩编。

编织符号图例

锁针

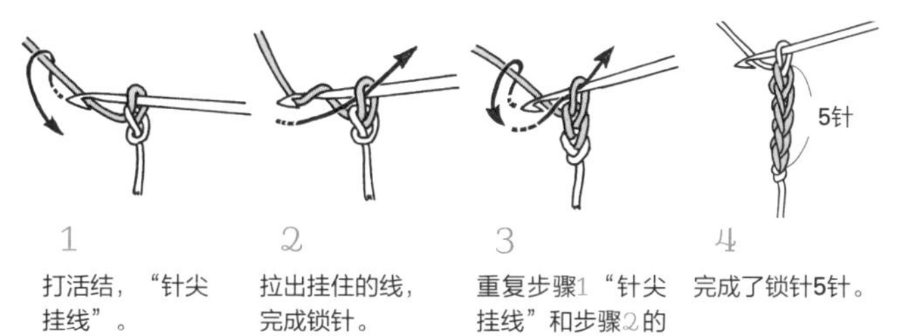

1
打活结，“针尖挂线”。

2
拉出挂住的线，完成锁针。

3
重复步骤1“针尖挂线”和步骤2的动作，连续钩编。

4
完成了锁针5针。

短针

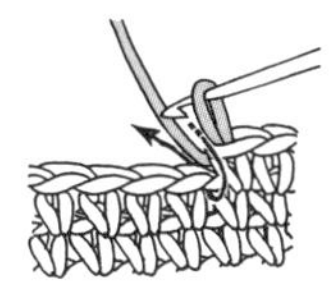
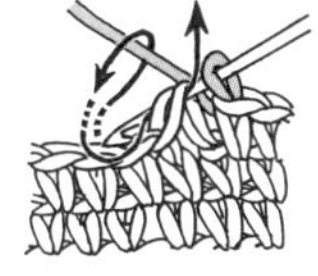
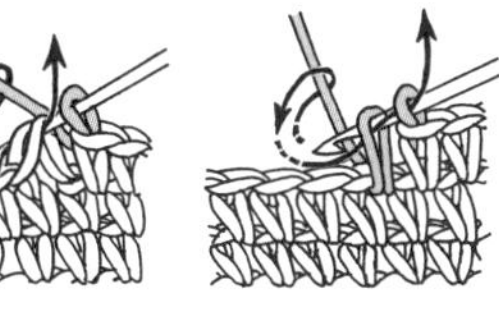
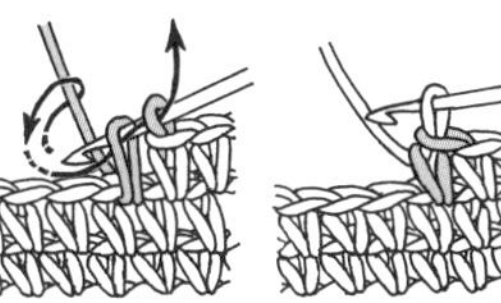

1
将钩针穿入上一行的针眼内。

2
针尖挂线将线圈朝自己的方向拉出（拉出的状态被称为未完成的短针）。

3
再次针尖挂线，一次引拔2个线圈。

4
完成短针第1针。

长针

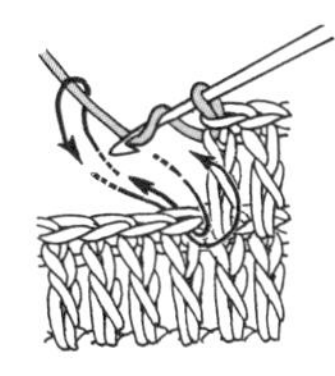
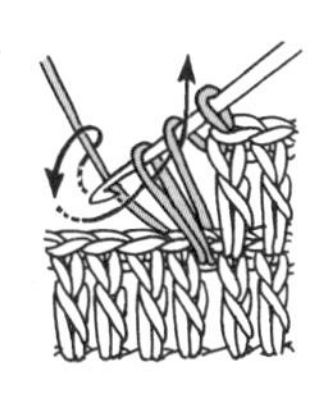
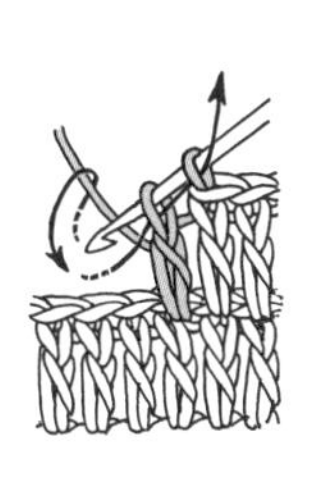
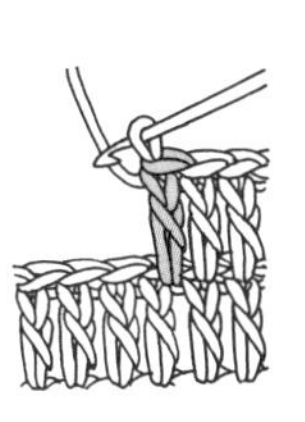

1
针尖挂线后穿入上一行的针眼，再次挂线朝自己的方向拉出。

2
如箭头所示，针尖挂线引拔2个线圈（已引拔的该状态被称为未完成的长针）。

3
再次针尖挂线，引拔剩下的2个线圈。

4
长针第1针完成。

引拔针

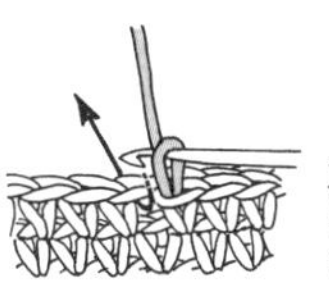

1
将针穿入上一行的针眼内。

2
针尖挂线。

3
将线一次性引拔。

4
引拔针第1针完成。

中长针

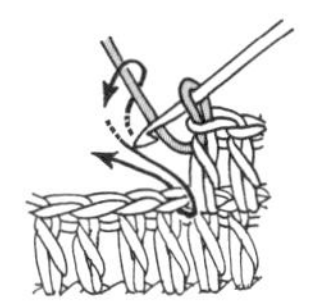
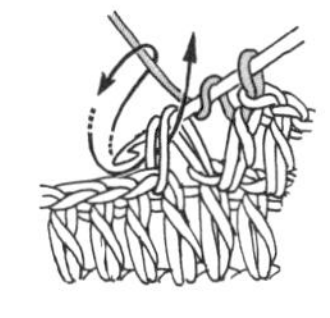
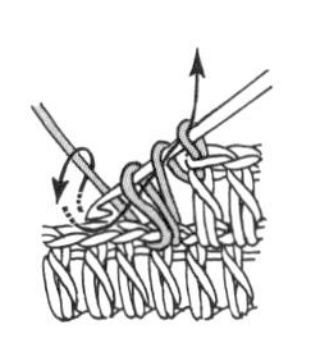

1
针尖挂线后将针穿入上一行的针眼。

2
针尖再挂线，朝自己的方向拉出（拉出的状态被称为未完成的中长针）。

3
针尖挂线，一次引拔3个线圈。

4
完成中长针第1针。

长长针

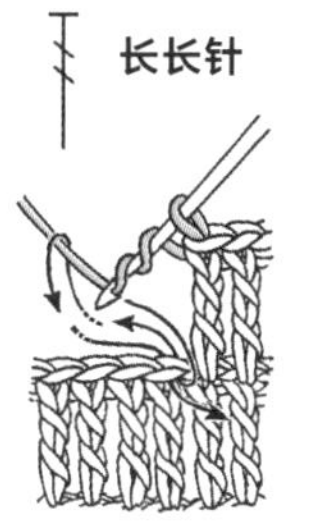
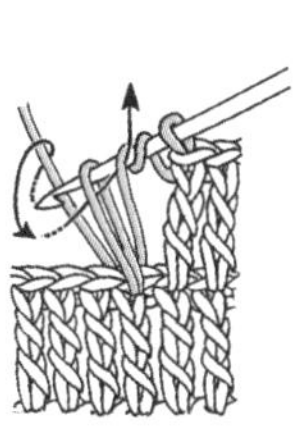
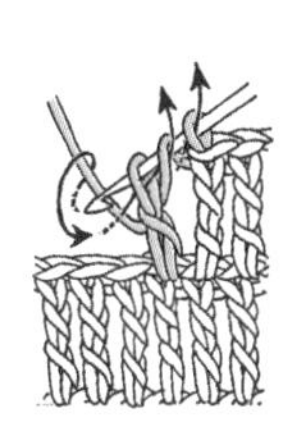
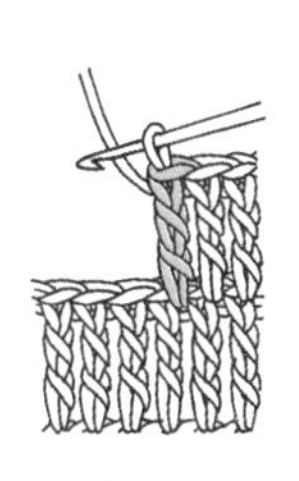

1
针尖挂线2次后，将针插入上一行，再次挂线，将线圈朝自己的方向拉出。

2
如箭头所示，针尖挂线，引拔2个线圈。

3
将相同的动作再重复2次。※第1次结束时的状态被称为未完成的长长针。

4
长长针第1针结束。

短针1针分2针　短针1针分3针

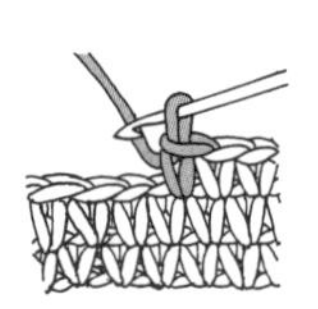

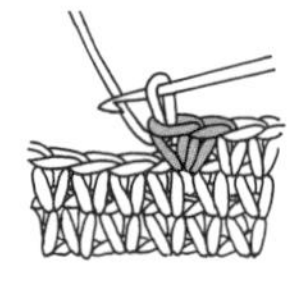
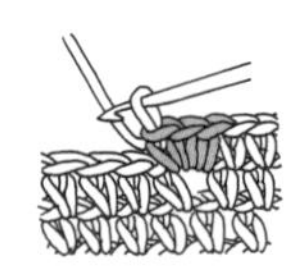

1 钩短针1针。

2 在同一针眼插入钩针，拉出线圈，钩编针。

3 已钩编好2针短针。在同一针眼再钩1针短针。

4 在上一行的1个针眼钩入3针短针。呈现出比上一行多2针的状态。

短针2针并1针

※针数不是2针时，也要以相同的技巧钩编指定针数的未完成的短针（参照p.61），针尖挂线，把挂在针上的线圈一次性引拔。

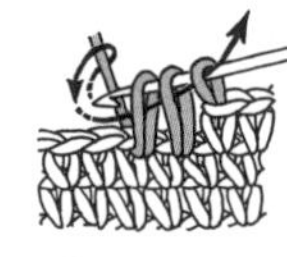
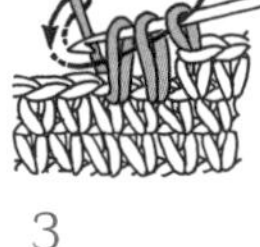
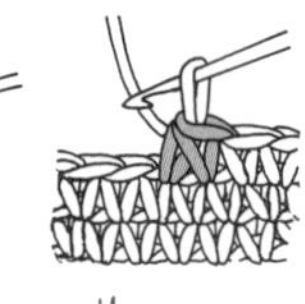

1 如箭头所示，将针插入上一行的针眼，并拉出线圈。

2 下一针眼也以相同方式拉出线圈。

3 针尖挂线，如箭头所示，一次性引拔3个线圈。

4 短针2针并1针完成。呈现出比上一行减少1针的状态。

长针1针分2针

※针数不是2针或不是长针时，也要以相同的技巧在上一行的1针处编织符号图按指定的针数钩入。

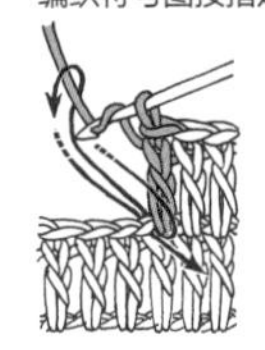

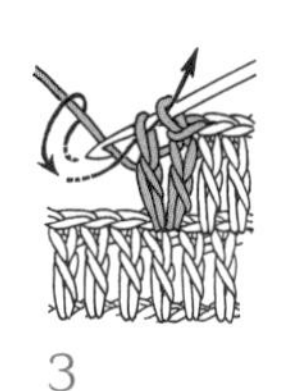
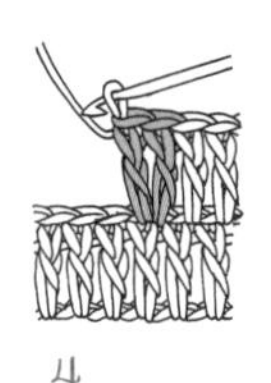

1 钩编1针长针。针尖挂线，在相同的针眼插入钩针，挂线拉出。

2 针尖挂线，引拔2个线圈。

3 再次针尖挂线，将剩余的2个线圈引拔。

4 已在1个针眼钩编入2针长针。呈现出比上一行多1针的状态。

长针2针并1针

※针数不是2针时，也要以相同的技巧钩编指定针数的未完成的长针，针尖挂线，一次性引拔挂在针上的线圈。

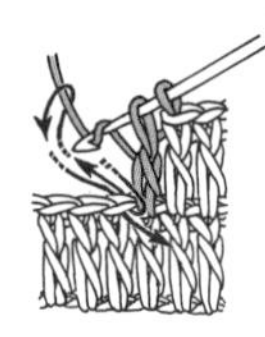
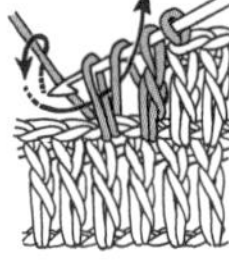
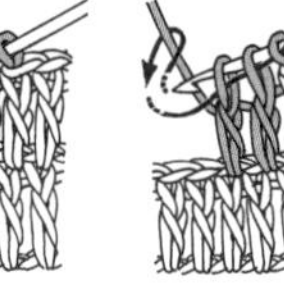

1 在上一行的1针处钩编1针未完成的长针（参照p.61），针尖挂线，沿箭头方向将针穿入下一针，挂线拉出。

2 针尖挂线，引拔2个线圈，钩编第2针未完成的长针。

3 针尖挂线，如箭头所示将3个线圈一次性引拔。

4 长针2针并1针完成。呈现出比上一行少1针的状态。

锁针3针的狗牙拉针　锁针1针的狗牙拉针

※（ ）是锁针1针狗牙拉针的情况

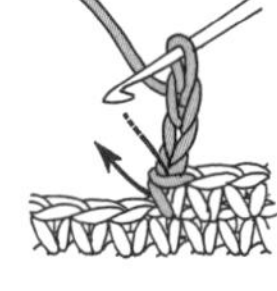
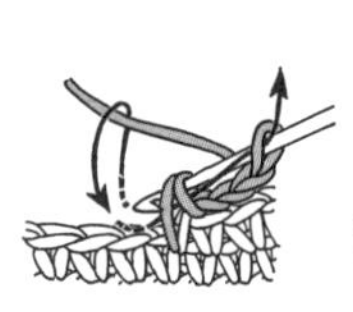
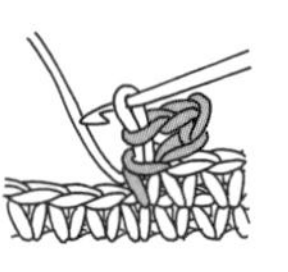

1 钩编锁针3针（1针）。

2 用钩针钩住锁针，插入锁针根部。

3 针尖挂线，如箭头所示一次性引拔。

4 锁针3针的狗牙拉针完成。

长针3针的枣形针

※针数不是3针的枣形针，也要以相同的技巧在上一行的1针处钩编指定针数的未完成的长针，针尖挂线，将挂在针上的线圈一次性引拔。

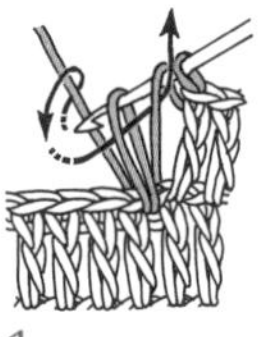
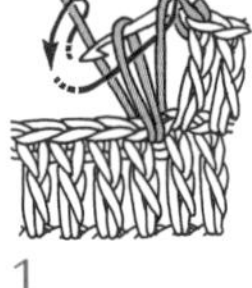
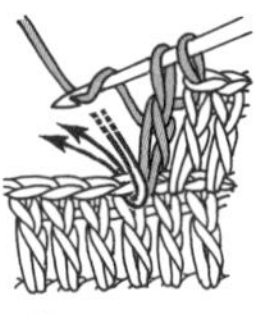
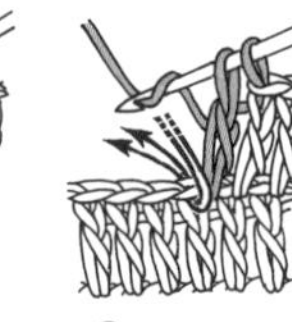
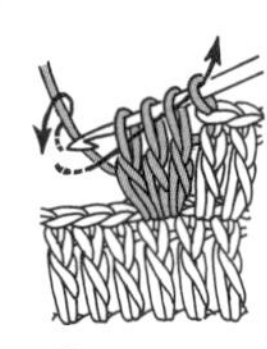

1 在上一行的针眼钩编1针未完成的长针（参照p.61）。

2 将钩针穿入同一针眼，继续钩编2针未完成的长针。

3 针尖挂线，将搭在针上的4个线圈一次性引拔。

4 长针3针的枣形针完成。

中长针2针的变化枣形针

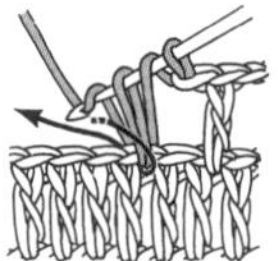
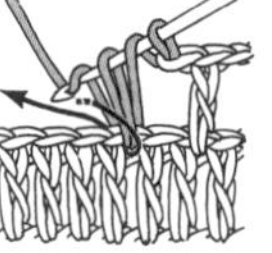
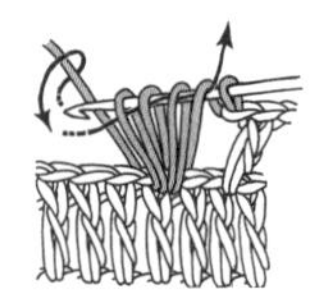
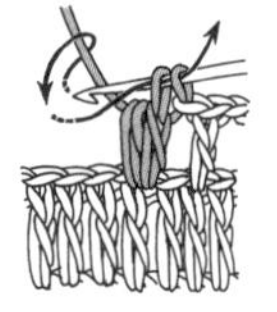
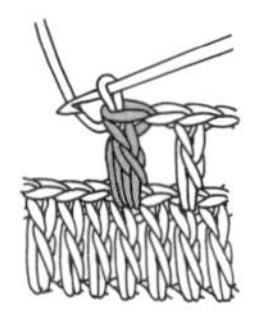

1 在上一行的同一针眼钩编2针未完成的中长针。

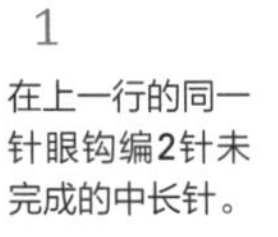

2 针尖挂线，引拔4个线圈。

3 再次针尖挂线，将剩下的2个线圈引拔。

4 中长针2针的变化枣形针完成。

长针5针的爆米花针

※针数不是5针时技巧亦相同，按指定针数钩编长针。

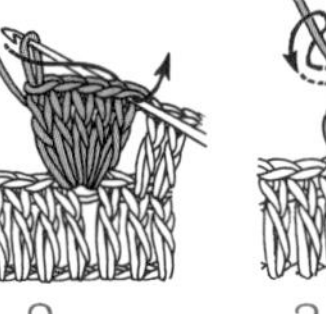

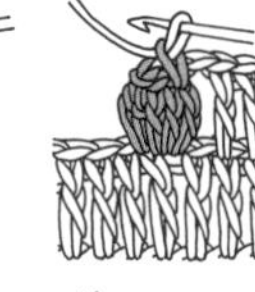

1 在上一行的同一针眼钩编5针长针，将钩针取出后如箭头所示重新插入。

2 将线圈朝自己的方向引拔。

3 继续钩编辫子针1针收紧。

4 长针5针的爆米花针完成。

短针条纹针

※非短针编织符号图的条纹针技巧与此相同，挑上一行外侧半针按指定编织符号图钩编。

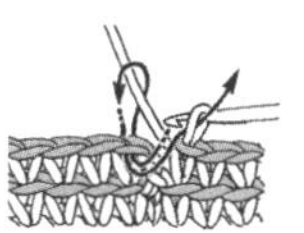

1 钩编时要看着各行的正面。短针按照图示方向转圈钩编1行，引拔至最初的针眼。

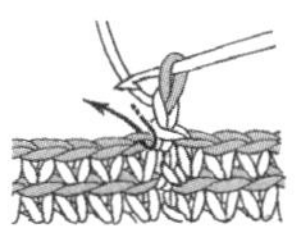

2 钩1针起立针，挑上一行针外侧的半针，钩短针。

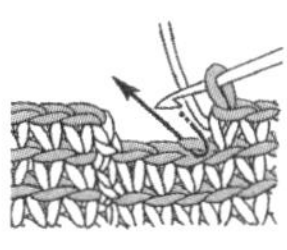

3 以相同方式重复步骤2的技巧，连续钩短针。

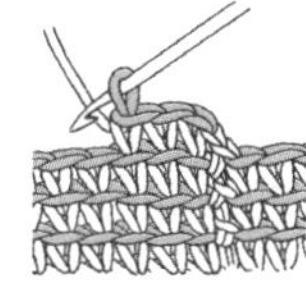

4 前行正面端头呈条纹状，短针条纹针第3行钩编完毕。

逆短针

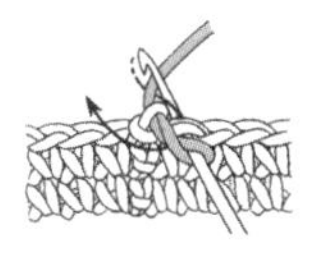

1 钩1针起立针后，沿箭头方向，将钩针从前面 绕至右侧针眼插入。

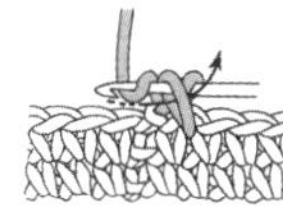

2 从线的上方挂针，如箭头所示，就势将线朝自己的方向拉出。

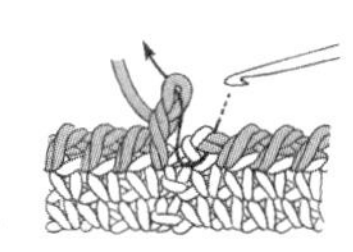

3 用钩针挂住线，一次性引拔2个线圈。

4 重复步骤1～3的动作，钩编到最后位置时拔针。如箭头所示，将钩针插入起始针眼，将其拉至反面。在反面处理线头。

外钩长针

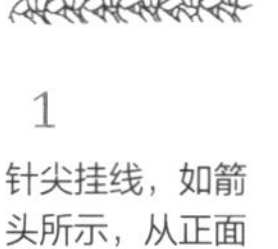

※在往返钩织中看反面钩编时，需要钩编内钩长针。
※非长针编织符号图的外钩长针技巧亦与此相同，如1箭头所示，插入钩针后按指定编织符号图钩编。

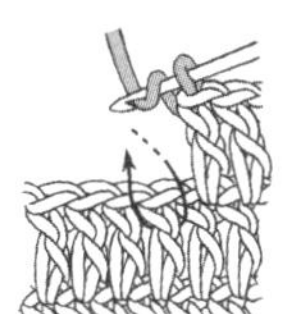

1 针尖挂线，如箭头所示，从正面将钩针插入上一行的长针根部。

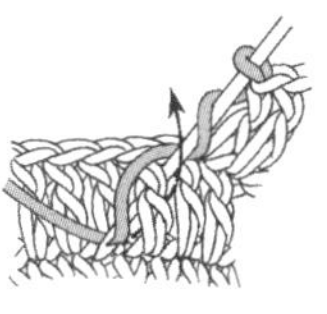

2 针尖挂线，拉出较长的线。

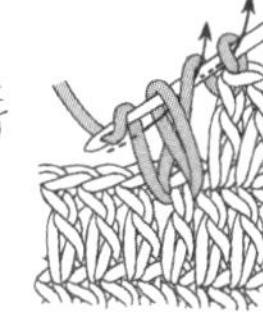

3 再次针尖挂线，引拔2个线圈。相同动作再重复1次。

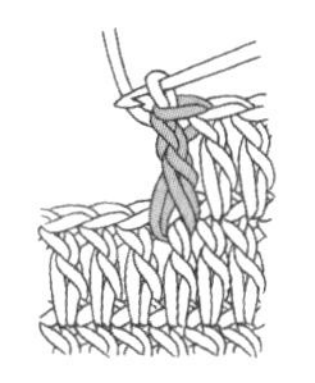

4 完成了1针外钩长针。

内钩长针

※在往返钩织中看反面钩编时，需要钩编外钩长针。
※非长针编织符号图的内钩长针技巧亦与此相同，如图1箭头所示，插入钩针后按指定编织符号图钩编

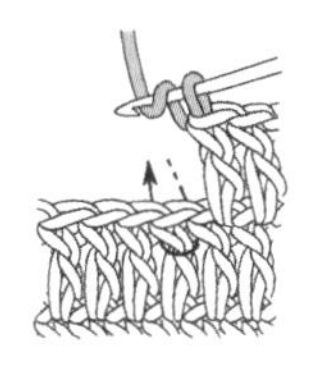

1 针尖挂线，如箭头所示，从反面将钩针插入上一行的长针根部。

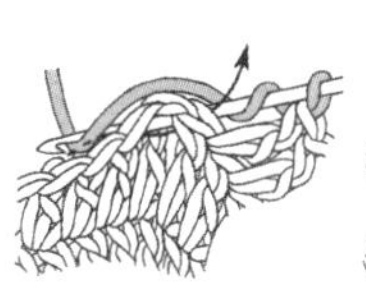

2 针尖挂线，如箭头所示，拉出至织片的对侧。

3 拉出较长的线，再次针尖挂线，引拔2个线圈。同样的动作再重复1次。

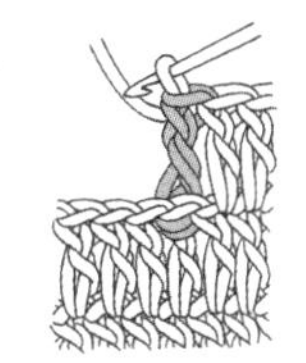

4 完成了1针内钩长针。

卷缝

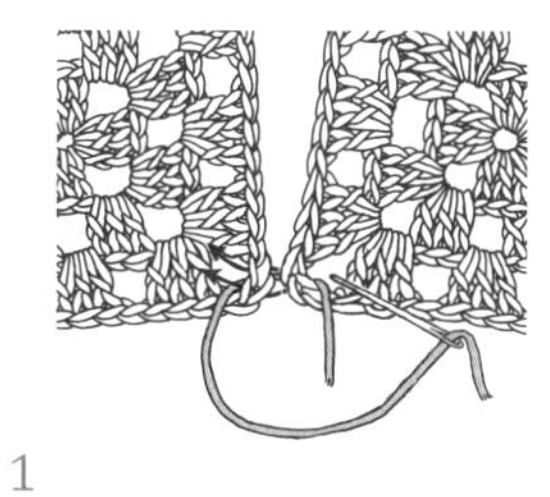

1 将两块织片正面对齐，穿线挑起针眼头上的2根线。包缝的起头和收尾处要各穿2次线。

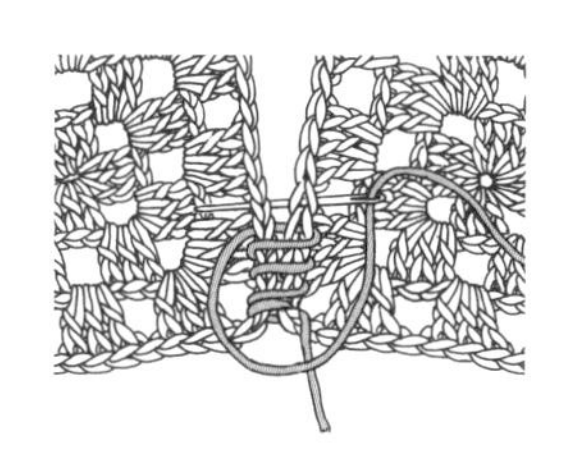

2 各针眼依次挑起钩编。

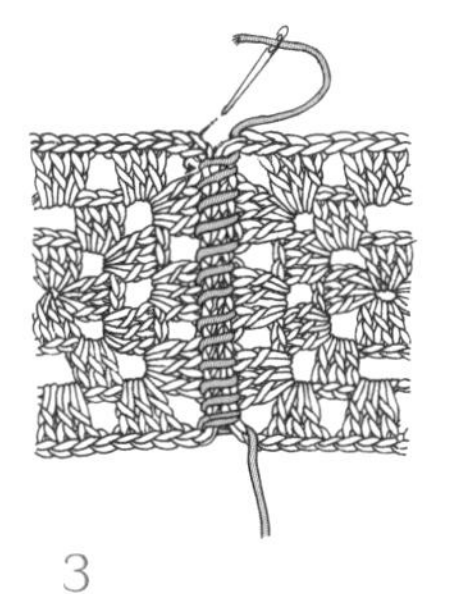

3 已卷缝至末端。

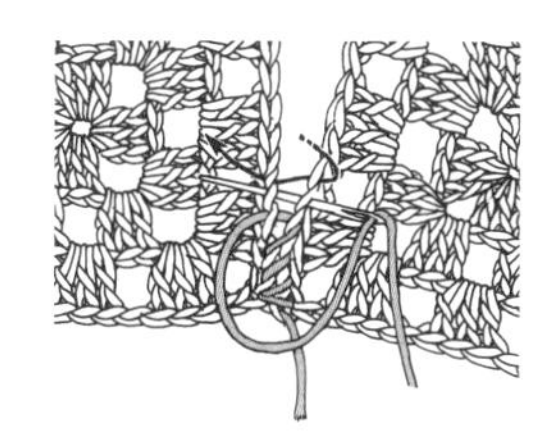

半针的缝法

将两个织片正面对齐，挑外侧半针（针眼头上的1根线）。卷缝的起始和收尾处要各穿2次线。

引拔缝合

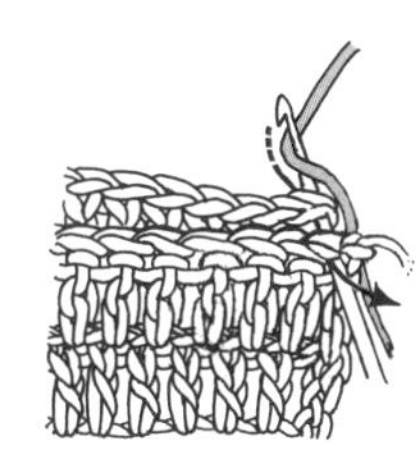

1 将2块织片反叠对齐（或正叠对齐），从一端针眼插入钩针将线引出，再用针挂线引拔。

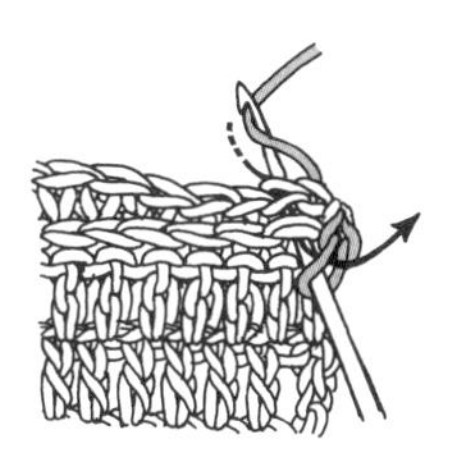

2 将钩针插入下一针眼，用针尖挂线引拔。重复该动作，按针眼逐一引拔缝合。

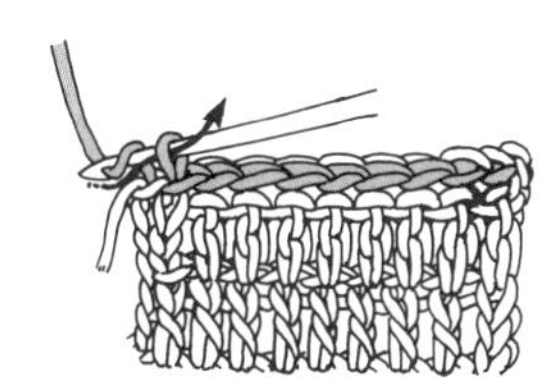

3 缝合完毕后，用针尖挂线引拔，剪断线。

流苏的固定方法

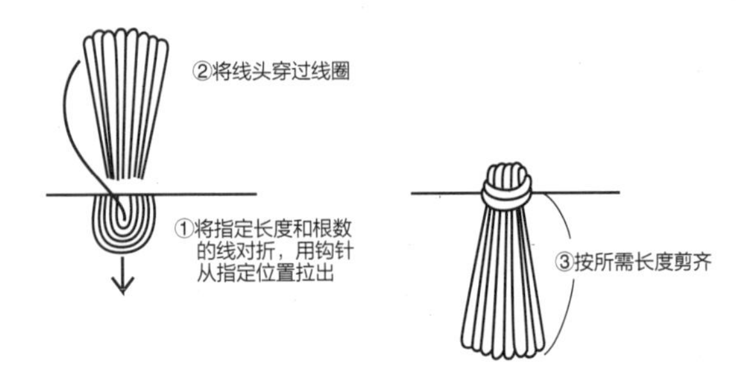

刺绣方法

直线绣法

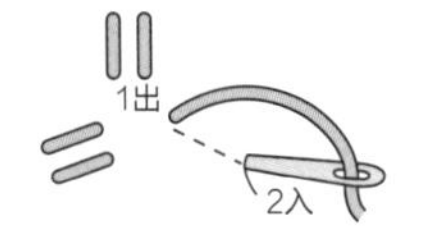

其他基础索引

原文书名：かぎ針編みのかわいいルームシューズ
原作者名：eandgcreates

著作权合同登记号：图字：01-2017-7697

图书在版编目（CIP）数据

美美的钩针地板袜 婴儿鞋 / 日本E&G创意编著；李喆译. -- 北京：中国纺织出版社，2019.5
ISBN 978-7-5180-6038-2

Ⅰ.①美… Ⅱ.①日… ②李… Ⅲ.①袜子－钩针－编织－图集 ②童鞋－钩针－编织－图集 Ⅳ.①TS941.763.8-64

中国版本图书馆CIP数据核字（2019）第052490号

策划编辑：阚媛媛　　责任编辑：李　萍　　责任校对：寇晨晨
责任设计：培捷文化　责任印制：储志伟

中国纺织出版社出版发行
地址：北京市朝阳区百子湾东里A407号楼　邮政编码：100124
销售电话：010—67004422　传真：010—87155801
http: //www.c-textilep.com
E-mail: faxing@c-textilep.com
中国纺织出版社天猫旗舰店
官方微博 http: //weibo.com/2119887771
北京市华联印刷有限公司印刷　各地新华书店经销
2019年5月第1版第1次印刷
开本：889×1194　1/16　印张：4
字数：80千字　定价：49.80元

凡购本书，如有缺页、倒页、脱页，由本社图书营销中心调换